景观植物大图鉴②
观赏树木680种

薛聪贤　杨宗愈　编著

陈锡沐　简体版审订

SPM 南方出版传媒

广东科技出版社 | 全国优秀出版社

·广　州·

序1

与薛聪贤老师结缘和认识是在不同的时段。当初任教于"中国文化大学"景观学系时，由于没有景观植物学的教材，对于景观系学生是否要用到《植物分类学》这类教材，一直犹豫不决，因为景观系学生对景观植物的认识，应该偏重于植物的实用性，而非只去了解植物种类的亲缘关系。之后，在书店里发现薛老师的大作《景观植物实用图鉴》系列，内容丰富而实用，植物照片精美悦目，非常适合学生初学入门，因此主动向薛老师订书，这是首度的结缘。几年后任科博馆植物园执行秘书一职，因业务上的需要，得知薛老师对于植物的栽培经验丰富，所以借时任馆长李家维教授的名义，厚颜邀请薛老师到科博馆来，协助我们开展植物园的工作，这是与薛老师续缘及认识。

管理植物园以后，更深深觉得台湾景观植物有许多资料信息并不完备。景观植物的来源包括台湾原生物种、台湾培育或选育品种、外来物种等，走访书店与花市，发现外来物种的资料信息较为缺乏，就学名、原产地而言，出售花木者常常语焉不详，甚至提供错误的资料。早期引进的外来植物，我们能在刘棠瑞先生的《台湾木本植物图鉴》上、下卷，陈德顺先生、胡大维先生的《台湾外来观赏植物名录》查到；近期赖明洲先生的《最新台湾园林观赏植物名录》亦载有部分资料信息。然而这三部书，除了第一部有植物线条图外，后两部书只是名录，并无植物的实物照片可参考。本书图文并茂，它的出版应该是园艺界、景观界所期待乐见的参考资料！

本套《景观植物大图鉴》系列，承蒙薛老师的邀请共同编著，除了保持《台湾花卉实用图鉴》系列的实用性外，更积极搜集近年来栽培的景观植物，也有最近引进的新品种。书中内容包括每个物种的中文名、拉丁学名、别名、产地、植物分类、形态特征、花期、用途、生长习性、繁育方法、栽培要点等。图片几乎都是薛老师精心拍摄，再挑选最为清晰、精美的编入书中，希望能帮助读者辨别各种景观植物，依据自己的需求，在本书中找到答案，也能让相关学科的老师和学生、园艺工作者、景观设计规划者，在本书找到需要的资料信息。

世界的被子植物有24万多种，单单台湾原生的维管束植物就有约4 000种，还不包括归化种、引进栽培种、人工培育种等，更有许多我不认识有待查证的种类，书中难免会有疏漏、错误及不足之处，期望诸位学者、专家不吝指正，使本系列丛书更臻完善，更加实用。

2015年3月

序2

据统计，目前台湾的景观植物约5 200种（包括原种、变种及杂交种），其来源有台湾原生植物及引进植物。台湾原生植物具有观赏价值者，近年来已逐渐被开发利用；台湾引进的花木约6 700种，其中有若干种因水土不服或管理不当，导致死亡而遭淘汰，但新品种仍不断从世界各地引进栽培，主要产地包括：中国大陆及东南亚、南洋群岛、大洋洲、美洲热带地区、非洲、欧洲等，台湾在"天然温室"的造就下，草木多样而繁盛，园艺产业蓬勃发展。

20多年来，笔者常与园艺、景观业者同赴世界各地引进新品种，并开发台湾原生植物，从事试种、观察、记录、育苗、推广等工作，默默为园艺事业耕耘奋斗，从引种开发到推广的过程，备尝艰辛，鲜为人知。但欣慰的是拙作《景观植物实用图鉴》（1～15辑）、《台湾原生景观植物图鉴》（1～5辑）出版后，引起广大读者的热烈回应和佳评，成为园艺界、造园界、景观界查阅必备的工具书，也成为教育界相关学科的学生认识景观植物的理想教材，引起园艺、景观界的重视。近几年来，许多读者敦促希望能再出版续集或合订本，增加新品种的介绍，本书就在众多读者的鼓励下而诞生，旨在提供最新园艺资料信息，冀望能与花木爱好者共享莳花乐趣，对花卉园艺产品的促销有所助益，促进园艺、景观产业更加繁荣，推动环境美化和生态保护。

本书特邀科博馆植物学组杨宗愈博士共同编撰，杨博士专攻植物系统分类学、植物地理学、植物园学、景观植物学及孢粉学的研究，学识渊博，虚怀若谷，令人敬佩。本书全套共分6册，几乎涵盖了台湾现有栽培的园艺景观植物，并进行了系统的植物分类。书中花木名称以"一花一名"为原则，对有代表性的别名、俗名或商品名称也一并列入。花木图片实物拍摄，印制精美，花姿花容跃然纸上；繁育方法及栽培要点，均依照华南地区水土气候、植物生长习性、栽培管理等作论述，这与翻印国外的同类书籍截然不同，也是本书最大特色。学名是根据中外学者、专家所公认之名称而定，内容力求尽善尽美，倘有疏漏、错误之处，期盼学者、专家斧正。

本书出版之际，感谢台湾大学森林系廖日京教授、博物馆植物研究组前组长郑元春、台湾"清华大学"生命科学系李家维教授、台湾林业试验所生物系吕胜由、植物分类专家陈德顺及陈运造给予的帮助，另外感谢园艺界施明兴、许再生、许古意、罗昭烈、李侑家、李胜伍、李有量、胡高笔、胡高伟、林荣森、罗能业、刘燊麟、李士荣、胡高玉珑、林寿如、吴天素等，以及科博馆植物学组黄秀君、黄冠中、陈建帆、陈胜政等的协助，提供景观植物资料信息，特此致谢。

2015年3月
于员林"见贤居"

2

观赏树木

观赏树木泛指在木本植物中，树形、枝干、叶片优雅美观，而以观姿、观叶为主的种类，包括裸子植物类、被子植物类，其中又分灌木类、乔木类，也有常绿性、落叶性或半落叶性。

灌木通常指低矮的树木，主干不明显，由地面处分歧成多数枝干，树冠不定型，近似丛生，如偃柏、欧洲刺柏、苏铁、福建茶、三爪金龙、灰莉、海桐花、小蜡树、柃木、锡兰叶下珠、草海桐、卫矛类、黄杨类等；植株高度2米以上为大灌木，1~2米者为中灌木，1米以下为小灌木。

乔木通常指主干单一明显的树木，主干生长离地至高处（约胸际）才开始分枝，而树冠具有一定的形态，如南洋杉、龙柏、竹柏、落羽杉、黄连木、福木、铁力木、榄仁树、雨树、面包树、橡胶榕、垂柳、柠檬桉等；植株高度18米以上为大乔木，9~18米之间为中乔木，9米以下为小乔木。

观赏树木类为景观绿化美化的重要树种，用途极为广泛；灌木类可用作庭园或道路美化、绿篱、修剪造型或盆栽；乔木类可用作庭园景观树、行道树，甚至具有海岸防风定沙、山坡地水土保持之功能；大树绿荫蔽天，舒爽宜人，花果时节，鸟语花香，诗情画意。

在栽培管理方面，喜好高温的植物（生长适温20~30℃），平地皆适合种植；喜好温暖或冷凉低温的植物（生长适温10~25℃），较适合高冷地或中、高海拔冷凉山区栽培。本书共收录680种，几乎是目前台湾现有栽培的全部，其中包括很多新品种，园艺界已引进栽培。

学名二名法范例

Acer　　　*palmatum*　　　'Katsura'

↓　　　　　↓　　　　　↓

属名　　　　种名　　　　品种名

1. 学名只含属名、种名的是原生种植物，有原产地。
2. 种名后面有var.（variety的简写），指该植物为自然变种。var.后面的是变种名。
3. 属名与种名之间有"×"的记号，指该植物为杂交种。种名用 hybrida 也是杂交种。

▲掌叶槭'桂'（栽培种）
Acer palmatum 'Katsura'

阅读指引

● **中文名**：我国学术界使用的正式名称。

● **植物分类**：植物学术分类上属的名称，有中文属名和拉丁文属名。

● **产地**：植物的原始生长地点、栖地环境。

● **形态特征**：植物的高度，枝、叶、花、果的形态、大小、色泽等特征。

● **用途**：植物在园艺观赏、景观造园方面最适当的应用或药用等。

● **生长习性**：植物的生长习性，如温度、湿度、光线等需求。

● **繁育方法**：植物的繁殖方法和繁殖季节。

● **栽培要点**：植物的养护管理，如土壤选择、施肥与修剪季节、移植要领等事项。

● **性状分类**：植物的科名，植物的学术分类及生长性状分类。

● **生态照片**：植物的植株外形，以接近正常目视距离的方式拍摄而成，表现全株或局部，包括茎、枝、叶、花、果等生态特征，以供实物比对时加以辨认。

● **书眉检索**：以色块颜色标示植物科目。本书编排是按照植物科名的英文字母顺序排列，方便查阅。（个别植物科名顺序因排版需要略有调整，请参阅目录）

● **照片解说**：植物的中文名、别名、原产地或栽培种、杂交种、拉丁学名等资料。

● **页码**

● **学名**：植物在国际上通用的名称（拉丁学名）。本书采用二名法记载。

● **特征照片**：植物的枝叶、花序、果实、种子等外观特征，用近距离方式拍摄，以供辨识。

玉蕊科常绿乔木

玉蕊类

● **植物分类**：玉蕊属（*Barringtonia*）。

● **产地**：世界各地热带海岸。

1.**滨玉蕊**：别名棋盘脚树、蔢盘脚树、垦丁肉粽。常绿乔木，台湾原生恒春半岛、兰屿、绿岛海岸。原生地园艺景观零星栽培。株高可达30米，叶长椭圆状倒卵形，先端钝圆或短突尖，全缘，厚革质。夏、秋季开花，总状花序顶生，夜开性，白色花瓣4片，雄蕊400余枚，上半部紫红色。核果形似棋盘之脚垫。

2.**玉蕊**：别名穗花棋盘脚树。常绿中乔木，台湾原生北部滨海、恒春半岛。园艺景观普遍栽培。株高可达12米，叶倒披针形或长卵形，先端渐尖，波状锯齿缘，革质，幼叶红褐色。夏、秋季开花，悬垂性总状花序腋生，长可达60厘米，夜开性，花瓣4片，早落，雄蕊多数，乳白或粉红色。核果长椭圆形，略呈4棱，棱角暗红色。

● **用途**：园景树、滨海防风树。玉蕊水陆两栖，水池或湿地均能成活。

● **生长习性**：阳性植物。滨玉蕊性喜高温、向阳之地，生长适宜温度25～32℃，日照80%～100%；耐热不耐寒、耐盐、抗风；恒春半岛生育良好，台湾中、北部冬季易受寒害，生长不良。玉蕊生长适宜温度20～32℃，日照70%～100%；水陆两栖，耐寒亦耐热、耐潮湿，低海拔各地生育良好。

● **繁育方法**：播种、扦插法为主，但以播种为主，春季为适。

● **栽培要点**：栽培介质以壤土或沙质壤土为佳。春、夏季生育期施肥2～3次。冬季低温常有落叶现象，避免寒害。成树移植之前需断根处理。

玉蕊科（猴胡桃科）LECYTHIDACEAE

▲滨玉蕊·棋盘脚树·蔢盘脚树·垦丁肉粽（原产南洋海岸·中国台湾）*Barringtonia asiatica*

▲滨玉蕊·棋盘脚树·蔢盘脚树·垦丁肉粽（原产南洋海岸·中国台湾）*Barringtonia asiatica*

▲玉蕊·穗花棋盘脚树（原产澳大利亚、印度、马来西亚和日本琉球、中国台湾）*Barringtonia racemosa*

景观植物大图鉴② 97

景观绿化工程植物规格图解

景观绿化工程树木的采购，通常均标有植栽规格，如树高（H）、干高（$T.H.$）、米径（$\varnothing$）、地面直径（$G.L.\varnothing$）、冠宽（W）等，下列以图解方式绘制供参考。（林孝泽提供）

灌木类规格图解

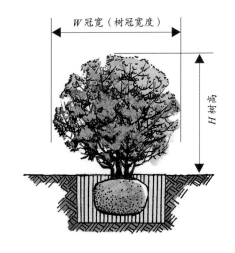

W冠宽（树冠宽度）

H树高

乔木类规格图解

W冠宽（树冠宽度）

$\varPhi$米径
（距地面1米处，树干的直径）

$G.L.\varPhi$
（地面处树干的直径）

枝下高

$T.H.$干高

H树高

松柏类、整形树规格图解

W冠宽（树冠宽度）

$G.L.\varPhi$
（地面处树干的直径）

H树高

目录

裸子植物类

被子植物类

裸子植物类

南洋杉科 ARAUCARIACEAE

▲ 贝壳杉（原产爪哇、新几内亚、澳大利亚）
Agathis dammara

▲ 贝壳杉（原产爪哇、新几内亚、澳大利亚）
Agathis dammara

南洋杉科常绿大乔木

贝壳杉类

- **植物分类：** 贝壳杉属（*Agathis*）。
- **产地：** 亚洲、澳大利亚热带至亚热带地区。
1. **贝壳杉：** 园艺景观零星栽培。株高可达40米以上，主干通直，树皮灰褐色至红褐色，侧枝向上或平展。叶对生，歪斜状长卵形或长卵状披针形，先端钝或尖，全缘，厚革质；叶面深黄绿色，叶背浅黄绿色；主干基部幼芽红褐色。雌雄异株，雄花圆柱形。球果球形，果鳞130～150片。
2. **大果贝壳杉：** 别名昆士兰贝壳杉，园艺景观零星栽培。株高可达40米以上，主干通直，树皮灰褐色，侧枝略下垂。叶对生，卵形，先端尖，全缘，厚革质；叶面深墨绿色，叶背黄绿色；基部幼芽粉蓝绿色，被白粉。雌雄异株，雄花长圆柱形。球果卵圆形，果鳞500～600片。
- **用途：** 园景树、幼树盆栽。木材可供制建材、家具、器具、乐器、工艺品等。树脂可制油漆原料。
- **生长习性：** 阳性植物。喜温暖至高温、湿润、向阳之地，生长适宜温度20～30℃，日照70%～100%。生长强健，耐热、耐旱、耐瘠，低海拔生长良好。
- **繁育方法：** 播种法。
- **栽培要点：** 栽培介质以沙质壤土为佳。幼株春季至秋季每1～2个月施肥1次。成株甚粗放，自然树形美观，枝叶避免修剪。成树移植前需断根处理。

▲ 贝壳杉主干基部生长的红褐色幼芽

▲ 大果贝壳杉·昆士兰贝壳杉（原产澳大利亚）
Agathis robusta

▲ 大果贝壳杉·昆士兰贝壳杉（原产澳大利亚）
Agathis robusta

▲ 大果贝壳杉叶背黄绿色，与叶面深墨绿色
差异很大

▲ 大果贝壳杉主干基部生长的粉蓝绿色幼芽

▲ 大果贝壳杉球果

▲ *智利南洋杉·猴子杉（原产智利）*
Araucaria araucana

▲ *智利南洋杉雄花*

▲ *智利南洋杉雌花*

南洋杉科常绿大乔木

南洋杉类

● **植物分类**：南洋杉属（*Araucaria*）。

● **产地**：亚洲和澳大利亚热带至亚热带地区。

1. **智利南洋杉**：别名猴子杉。株高可达25米，主干通直，侧枝轮生，树冠圆锥形。叶卵状披针形或三角形，覆瓦状排列，先端刺状锐尖，质坚硬。雄花长圆柱形，赤褐色。球果卵圆形。

2. **大叶南洋杉**：别名塔杉。园艺景观零星栽培。株高可达50米，主干通直，树冠塔形。叶2列互生或螺旋状排列，卵状披针形，先端锐尖。雄花长圆柱形，赤褐色。球果倒卵形或近球形，果鳞具锐脊。

3. **肯氏南洋杉**：园艺景观普遍栽培。株高可达60米以上，主干通直，树皮红褐色；侧枝轮生，斜上伸长。叶阔线形或凿形，成熟叶针刺状，嫩叶柔软，成树枝叶酷似一支支蓬松的鸡毛掸子。雄花圆柱形，雌花球形。球果椭圆形或阔卵形，果鳞具锐脊，先端有反曲尖刺。

4. **南洋杉**：别名小叶南洋杉。园艺景观普遍栽培。株高可达60米，主干通直，树皮粗糙，黑褐色；侧枝

▲ *大叶南洋杉·塔杉（原产澳大利亚）*
Araucaria bidwillii

轮生，水平开展，小枝扁平排列。幼叶线状针形，老枝鳞状叶呈三角状卵圆形。雄花圆柱形，由淡绿色转橙红色。球果球形。

5.**亮叶南洋杉**：别名芬氏南洋杉。园艺观赏零星栽培。株高可达60米以上，主干通直，侧枝轮生。幼叶歪披针形，先端刺状锐尖。雄花长圆柱形，下垂。

● **用途**：树形优美，为世界著名之园景树，幼树可盆栽。木材可供制建材、家具、器具等。

● **生长习性**：阳性植物。性喜温暖至高温、湿润、向阳之地，生长适宜温度20～30℃，日照70%～100%。生长强健，耐热、耐旱、耐瘠，低海拔生长良好。

● **繁育方法**：播种法。

● **栽培要点**：大树移植容易破坏自然树形，通常以2.5米以下之盆苗定植为佳。栽培介质可用壤土或沙质壤土。幼株春季至秋季每1～2个月施肥1次。成树甚粗放，自然树形美观，枝叶避免修剪。

▲肯氏南洋杉（原产澳大利亚）
Araucaria cunninghamii

▲肯氏南洋杉雄花

▲肯氏南洋杉球果

▲肯氏南洋杉（原产澳大利亚）
Araucaria cunninghamii

▲ 南洋杉·小叶南洋杉（原产澳大利亚）
Araucaria heterophylla

▲ 南洋杉·小叶南洋杉（原产澳大利亚）
Araucaria heterophylla

▲ 南洋杉之雄花由绿色转橙红色

▲ 南洋杉幼株，侧枝叶黄绿色，树冠青翠优美

▲ 南洋杉雌花

▲亮叶南洋杉·芬氏南洋杉（原产新几内亚）
Araucaria hunsteinii

▲瓦勒迈杉（原产澳大利亚）
Wollemia nobilis

南洋杉科常绿大乔木

瓦勒迈杉

- **植物分类**：瓦勒迈杉属（*Wollemia*）。
- **产地**：瓦勒迈杉化石的发现，使研究学者认为该物种存活于侏罗纪恐龙时代，距今已有1.75亿年，早已绝种。1994年澳大利亚瓦勒迈国家公园植物学者，在悉尼西北方蓝山山脉，意外发现存活的野生族群而轰动世界，为孑遗植物，即"活化石"，其传奇故事与水杉近似。
- **形态特征**：株高可达40米，主干通直，树皮棕褐色，具小瘤状突起。叶线形或线状披针形，幼叶2列平面对生，成熟叶渐转立体排列。雌雄同株，雄花圆柱状，雌花球形至长卵形。
- **用途**：园景树、幼树盆栽。
- **生长习性**：阳性植物。性喜高温、湿润、向阳之地，生长适宜温度20～30℃，日照70%～100%。耐寒也耐热，耐旱，稍耐阴。
- **繁育方法**：播种、扦插法。
- **栽培要点**：栽培介质以偏酸性之沙质壤土为佳。幼树年中施肥3～4次。成树移植前需断根处理。

▲瓦勒迈杉雄花

▲瓦勒迈杉雌花

▲ 台湾粗榧·威氏粗榧（原产中国台湾）
Cephalotaxus sinensis var. *wilsoniana*
(*Cephalotaxus wilsoniana*)

三尖杉科常绿中乔木

台湾粗榧

- **别名：** 威氏粗榧。
- **植物分类：** 三尖杉属（*Cephalotaxus*）。
- **产　地：** 台湾特有植物，原生于中、高海拔1 300～2 600米山区，高冷地园艺景观零星栽培。
- **形态特征：** 株高可达20米。叶互生或近对生，线形，先端渐尖，排成2列，叶背气孔带灰白色，颇为明显，硬革质。雌雄异株，雄花头状腋生，黄褐色；雌花顶生，由肉质心皮组成，灰白色。种实椭圆形或卵状椭圆形，先端有小突起。
- **用　途：** 园景树、幼树盆栽。木材质地密致，可制家具、器具、建材。药用可治各种癌症、驱虫。
- **生长习性：** 阳性植物。性喜冷凉至温暖、干燥、向阳之地，生长适宜温度15～25℃，日照70%～100%。耐寒不耐热、耐旱、稍耐阴，高冷地栽培为佳，平地高温生长迟缓或不良。
- **繁育方法：** 播种法。
- **栽培要点：** 栽培介质以沙质壤土为佳。幼树年中施肥3～4次。成树不耐移植，移植前需断根处理。

▲ 台湾粗榧雌花

▲ 台湾粗榧之雄花花苞。叶背有明显之灰白色气孔带

▲ 台湾翠柏果

柏科常绿大乔木

台湾肖楠

- ●**别名**：台湾翠柏。
- ●**植物分类**：翠柏属（肖楠属）（*Calocedrus*）。
- ●**产地**：台湾特有植物，原生于中北部中、低海拔山区，野生族群濒临灭绝，但园艺景观普遍栽培。
- ●**形态特征**：株高可达20米以上，树皮红褐色。鳞叶两对交互对生，4片成1节，扁平，两侧鳞叶先端突尖，叶背略具白粉。着果之小枝扁短，雌雄花着生于不同短枝先端。球果圆锥状椭圆形。
- ●**用途**：园景树、行道树、绿篱、盆栽、平地造林。木材具香气，可制家具、建材，木屑可制线香。
- ●**生长习性**：阳性植物。性喜温暖至高温、湿润、向阳之地，生长适宜温度15~28℃，日照70%~100%。生性强健粗放，寿命长，耐寒也耐热、耐旱也耐湿、稍耐阴，高冷地至低海拔旷野均能栽培。
- ●**繁育方法**：播种或扦插法。
- ●**栽培要点**：栽培介质以沙质壤土为佳。幼树年中施肥3~4次。4年生以下之幼树，已移植1次者成活率较高；成树不耐移植，移植前需彻底断根处理。

▲台湾翠柏·台湾肖楠（原产中国台湾）
Calocedrus macrolepis var. *formosana*

▲台湾翠柏·台湾肖楠（原产中国台湾）
Calocedrus macrolepis var. *formosana*

▲台湾翠柏雄花和雌花

▲台湾翠柏·台湾肖楠（原产中国台湾）
Calocedrus macrolepis var. *formosana*

柏科常绿大乔木

扁柏类

● **植物分类**：扁柏属（*Chamaecyparis*）。

● **产地**：原种分布于亚洲东北部、北美洲中南部暖带至温带地区。

1. **红桧**：别名薄皮松萝。台湾特有植物，原生于中央山脉海拔1 500～2 800米山区，高冷地园艺景观零星栽培。株高可达60米以上，老树主干常中空，树皮淡红褐色，纵向浅裂，细短薄片剥落（剥片比台湾扁柏薄）。枝叶冬季红褐色，叶鳞片状，覆瓦状对生，先端向外锐尖或渐尖，用手触摸有粗糙感，叶背凹沟无白粉或略带白粉（白色气孔带）。球果椭圆形，果鳞盾形，种子具环翅。

    红桧是台湾造林主要树种之一，木材贵重，树形巨大，寿命长达4 000年以上，如著名的阿里山神木、溪头神木、雪山神木等。

2. **台湾扁柏**：别名黄桧。日本扁柏的变种，台湾特

▲ 红桧·薄皮松萝（原产中国台湾）
Chamaecyparis formosensis

▲ 红桧枝叶冬季红褐色，叶鳞片状，先端锐尖向外，用手触摸粗糙感

▲ 红桧雄花

有植物，原生于中央山脉海拔1300～2800米山区，高冷地园艺景观零星栽培。株高可达40米，老树主干实心，树皮灰褐色，纵向沟裂，长条状厚层剥落（剥片比红桧厚）。枝叶全年翠绿，叶鳞片状，先端钝而向内，用手触摸较柔软；叶背凹沟有"X"或"Y"形白粉（白色气孔带）。球果球形，种子几无翅。木材贵重，气味浓厚，为台湾重要经济树种，针叶树类中最高级木材。

3. **美国扁柏**：别名美桧、罗氏红桧。高冷地园艺观赏零星栽培。株高可达60米，树皮红褐色，海绵质，鳞状深裂。鳞片叶交互对生，小而密生，先端锐或渐尖，叶背凹沟具腺点或略有"X"形白粉（白色气孔带）。球果球形，红褐色，被白粉。园艺栽培种极多，如美羽柏、翠枝柏、蓝雀柏、金针柏、蕨叶柏、展枝柏、碧叶柏、小金柏、木麻黄柏等。

4. **日本扁柏**：园艺观赏零星栽培。株高可达40米，树皮红褐色，纵向长薄片状剥落。叶鳞片状，交互对生，肥厚，先端钝，叶背凹沟具明显"X"或

▲ 台湾扁柏·黄桧（原产中国台湾）
Chamaecyparis obtusa var. *formosana*

▲ 台湾扁柏鳞片叶，叶背凹沟有"X"或"Y"形白粉

▲ 红桧鳞片叶，叶背凹沟无白粉或略带白粉

▲ 台湾扁柏枝叶全年翠绿，叶鳞片状，先端钝而向内，用手触摸柔软

▲ 美国扁柏'美羽柏'（栽培种）
Chamaecyparis lawsoniana 'Alumigold'

▲ 美国扁柏'翠枝柏'（栽培种）
Chamaecyparis lawsoniana 'Stardust'

"Y"形白粉（白色气孔带）。球果球形。园艺栽培种极多，如云柏、金云柏、矮扁柏、黄金柏、金玉柏、金心柏、金凤柏、寿星柏、金寿星、津山柏、绵密柏等，园艺观赏零星栽培。

5.**日本花柏**：株高可达50米，树皮红褐色。叶鳞片状，先端锐尖，鳞叶背面有"X"形白粉（白色气孔带）。球果球形。园艺栽培种极多，园艺观赏零星栽培，如蓝羽柏、蓝柏、绒柏、羽柏、变叶柏、金线柏等。

●**用途**：园景树、幼树盆栽。红桧和台湾扁柏属针叶一级木，为台湾贵重之高级木材，其材质坚韧耐腐，光泽芳香，可作建筑、造船、车辆、家具、器具等用材。红桧药用可治感冒、胃痛、尿道炎、皮肤病等。

●**生长习性**：阳性植物。性喜冷凉至温暖、湿润、向阳之地，生长适宜温度12～25℃，日照70%～100%。生长缓慢，寿命长，耐寒不耐热，高冷地或中、高海拔生长良好，平地夏季高温生长迟缓或不良；尤其台湾扁柏耐热性最差，平地越夏最为困难。

●**繁育方法**：播种、扦插或高压法。

●**栽培要点**：栽培介质以沙质壤土为佳。冬季至春季为生育期，每1～2个月施肥1次。平地夏季高温呈半休眠状态，应尽量保持通风凉爽，梅雨季节避免高温多湿而导致病害及死亡。每年秋末气温降低后，修剪整枝1次，并给予追肥。

▲ 美国扁柏'蓝雀柏'（栽培种）
Chamaecyparis lawsoniana 'Glauca'

▲ 美国扁柏'金针柏'（栽培种）
Chamaecyparis lawsoniana 'Ellwoods Gold'

▲ 日本扁柏（原产日本）
Chamaecyparis obtusa

▲ 日本扁柏叶背凹沟有明显的
"X"或"Y"形白粉。

▲ 日本扁柏'云柏'（栽培种）
Chamaecyparis obtusa 'Breviramea'

▲ 日本扁柏'金云柏'（栽培种）
Chamaecyparis obtusa 'Breviramea Aurea'

▲ 日本扁柏'矮扁柏·青桧'（栽培种）
Chamaecyparis obtusa 'Nana'

▲ 日本扁柏'黄金柏'（栽培种）
Chamaecyparis obtusa 'Fernspray Gold'

▲ 日本扁柏'金玉柏'（栽培种）
Chamaecyparis obtusa 'Goldilocks'

▲ 日本扁柏'金心柏'（栽培种）
Chamaecyparis obtusa 'Medio Pictus'

▲ 日本扁柏'金凤柏'（栽培种）
Chamaecyparis obtusa 'Crippsii'

▲ 日本扁柏'寿星柏'（栽培种）
Chamaecyparis obtusa 'Nana Gracilis'

▲ 日本扁柏'金寿柏'（栽培种）
Chamaecyparis obtusa 'Opal'

▲ 日本花柏'蓝羽柏'（栽培种）
Chamaecyparis pisifera 'Blue Bird'

▲ 日本花柏'蓝柏'（栽培种）
Chamaecyparis pisifera 'Boulevard'

▲ 日本花柏'蓝柏'（栽培种）
Chamaecyparis pisifera 'Boulevard'

▲ 日本花柏'绒柏'（栽培种）
Chamaecyparis pisifera 'Sqrarrosa'

▲ 日本花柏'羽柏'（栽培种）
Chamaecyparis pisifera 'Plumosa'

▲ 日本花柏'变叶柏'（栽培种）
Chamaecyparis pisifera 'Gekkohiba'

▲ 日本花柏'金线柏'（栽培种）
Chamaecyparis pisifera 'Filifera Aurea'

柏科常绿乔木

杂交柏

● **植物分类**：杂交柏属（×*Cupressocyparis*）。

● **产地**：属间杂交种。

● **形态特征**：园艺观赏零星栽培。株高可达30米，主干通直，树皮红褐色，侧枝斜上生长，树冠浓密。叶鳞片状，先端锐形，叶表深绿，叶背淡绿。球果球形。园艺栽培种有杂交金柏、绿羽柏、翠玉柏、翠蓝柏、黄花柏、绿冠柏、绿丽柏、柳枝柏等。

● **用途**：园景树、幼树盆栽。

● **生长习性**：阳性植物，性喜冷凉至温暖、干燥、向阳之地，生长适宜温度13～25℃，日照70%～100%。耐寒、不耐热、耐旱、忌高温多湿。高冷地栽培为佳，平地夏季高温生长迟缓或不良。

● **繁育方法**：播种、扦插法。

● **栽培要点**：栽培介质以沙质壤土为佳。秋末至春季为生育期，追肥每1～2个月施肥1次。平地栽培夏季力求通风凉爽，梅雨季避免长期潮湿。

▲ 杂交柏'金柏·黄心柏'（栽培种）
× *Cupressocyparis leylandii* 'Castlewellan Gold'

▲ 杂交柏'翠玉柏'（栽培种）
× *Cupressocyparis leylandii* 'Silver Dust'

▲ 杂交柏'绿羽柏'（栽培种）
× *Cupressocyparis leylandii* 'Leyland Cypress'

▲ 杂交柏'翠玉柏'（栽培种）
× *Cupressocyparis leylandii* 'Silver Dust'

柏木类

- ●**植物分类**：柏木属（*Cupressus*）。
- ●**产地**：广泛分布于中国以及喜马拉雅山区和北美洲、中美洲、地中海沿岸等暖带至温带地区。
1. **克什米尔柏**：常绿乔木。园艺景观零星栽培。株高可达8米，树冠尖塔形，小枝、叶簇下垂。鳞叶开展扁平，细小，先端渐尖，被白粉，粉蓝色，偶有黄绿色。
2. **大果柏**：常绿大乔木。株高可达40米，树冠圆锥形，枝叶浓密。幼树鳞叶针形，成树鳞叶三角形。球果球形。园艺栽培种有黄穗柏、达摩柏、金冠柏，高冷地园艺景观普遍栽培。
3. **地中海柏**：别名洋柏、义柏。常绿大乔木。株高可达25米，树皮灰褐色。鳞叶4列状，先端钝或锐，背部有纵脊，无白粉。球果球形或椭圆形。园艺栽培种有平柏、直柏、金枝柏等，园艺观赏零星栽培。

▲ 克什米尔柏（原产克什米尔）
Cupressus cashmeriana

▲ 克什米尔柏（原产克什米尔）
Cupressus cashmeriana

▲ 大果柏'金冠柏·香冠柏·黄冠柏'（栽培种）
Cupressus macrocarpa 'Goldcrest'

4.**西藏柏木**：别名藏柏。常绿中乔木。园艺观赏零星栽培。株高可达20米，着生鳞叶的小枝排列成圆柱形，叶簇下垂。鳞叶细小，先端微钝，灰蓝色。球果球形，鳞片有突尖。

● **用途**：园景树、幼株盆栽。

● **生长习性**：阳性植物，性喜冷凉至温暖、干燥、向阳之地，生长适宜温度13～25℃，日照70%～100%。耐寒、不耐热、耐旱、忌高温多湿。高冷地栽培为佳，平地夏季高温生长迟缓。

● **繁育方法**：播种、扦插法。

● **栽培要点**：栽培介质以沙质壤土为佳。秋末至春季为生长期，每1～2个月施肥1次。平地栽培夏季力求通风凉爽，梅雨季避免长期潮湿。

▲地中海柏'直柏'（栽培种）
Cupressus sempervirens 'Stricta'

▲大果柏'金冠柏·香冠柏·黄冠柏'（栽培种）
Cupressus macrocarpa 'Goldcrest'

▲大果柏'金冠柏·香冠柏·黄冠柏'（栽培种）
Cupressus macrocarpa 'Goldcrest'

▲西藏柏木·藏柏（原产西藏、喜马拉雅山）
Cupressus torulosa

▲ 西藏柏木雌花

▲ 西藏柏木雄花

▲ 西藏柏木球果

柏科常绿乔木

福建柏

● **植物分类**：福建柏属（*Fokienia*）。

● **产地**：中国、越南亚热带至暖带地区，园艺景观零星栽培。

● **形态特征**：株高可达30米，主干通直，树皮紫褐色，叶鳞片状，交互对生，4片成1节，中央1对先端三角形，两侧叶先端钝或尖，叶表翠绿色，叶背具明显粉白色气孔带，形似图案，颇为优雅。球果近球形，种子卵圆形，具膜质翅。

● **用途**：园景树、行道树、幼树盆栽。木材轻软富弹性，耐腐，可制家具、器具、仪器、建材等。

● **生长习性**：阳性植物。性喜温暖耐高温、湿润、向阳之地，生长适宜温度15～28℃，日照70%～100%（幼树耐阴）。耐寒也耐热、耐旱。北部或中部高冷地生长良好，中、南部平地高温生长迟缓。

● **繁育方法**：播种法。

● **栽培要点**：栽培介质以沙质壤土为佳。秋末至春季施肥3～4次。成树移植前需断根处理。

▲ 福建柏（原产中国、越南）
Fokienia hodginsii

▲福建柏叶背有明显粉白色气孔带，形似图案，特征明显

▲福建柏（原产中国、越南）
Fokienia hodginsii

柏科常绿乔木

美丽柏

● **别名**：澳洲柏。

● **植物分类**：美丽柏属（*Callitris*）。

● **产地**：澳大利亚亚热带至暖带地区，园艺景观零星栽培。

● **形态特征**：株高可达18米，主干通直，树冠圆锥形，枝条纤细。叶针状，3枚轮生，生端锐尖，小枝近似三棱状，质地粗糙。雌雄同株，雄花穗状。球果近球形，鳞片有突起。

● **用途**：园景树、幼树盆栽。木材耐腐、抗蚁害，可制家具、作建材等。

● **生长习性**：阳性植物。性喜温暖、湿润、向阳之地，生长适宜温度15～25℃，日照70%～100%。耐寒不耐热、耐旱。中、高海拔高冷地生育良好，平地高温生长迟缓或不良。

● **繁育方法**：播种法。

● **栽培要点**：栽培介质以沙质壤土为佳。幼树春、夏季施肥3～4次。梅雨季避免长期潮湿。成树移植前需断根处理。

▲美丽柏·澳洲柏（原产澳大利亚）
Callitris rhomboidea

▲美丽柏·澳洲柏（原产澳大利亚）
Callitris rhomboidea

柏科常绿灌木、乔木或匍匐灌木

圆柏类

● **植物分类**：圆柏属（*Sabina*）。

● **产地**：中国、日本、韩国亚热带至温带地区。

1. **圆柏**：常绿乔木，园艺景观普遍栽培。株高可达20米，幼树之树冠尖塔形或圆锥形，老树广圆形，枝叶密生。叶有2形，鳞叶覆瓦状排列，先端钝尖；针叶3叶交叉轮生，具2条白粉带；幼树多数针叶，老树全株大多为鳞叶，枝下部仅有少数针叶。雌雄异株，球果近球形，上面微凹，被白粉，熟果为深褐色。园艺栽培种多达数十种，如千头圆柏、龙柏、喜乐龙柏、银柏、黄金龙柏、塔柏（檀香柏）、真柏、石柏、铁柏、三光柏等。

2. **偃柏**：别名海瑞。圆柏的自然变种，匍匐灌木。园艺景观普遍栽培。枝干红褐色，斜生弯曲。叶有2形，多数鳞叶，少数针叶，常交叉对生，粉绿色。球果球形，青蓝色，被白粉。

3. **铺地柏**：别名爬地柏。圆柏的自然变种，匍匐灌木，园艺景观零星栽培。枝条红褐色，小枝先端向上。叶针形，无鳞叶，叶背有白粉。球果近球形，

▲ 圆柏（原产中国、日本）
Sabina chinensis

▲ 圆柏（原产中国、日本）
Sabina chinensis

▲ 圆柏雄花

▲ 圆柏'千头圆柏·球柏'（栽培种）
Sabina chinensis 'Globosa'

黑熟，被白粉。（有文献把它独立为一种Juniperus procumbens）

● **用途**：园景树、幼树盆栽。枝叶四季青翠，为低维护之景观高级树种；木材具香气，坚韧致密、耐腐朽，可作线香、家具、工艺品、建筑等用材。圆柏和龙柏药用可治风寒感冒、尿道炎、风湿关节痛。

● **生长习性**：阳性植物，性喜冷凉至温暖、耐高温、向阳之地，生长适宜温度15～28℃，日照70%～100%。生性强健粗放，生长缓慢，耐寒、耐高温、耐旱、耐瘠。

● **繁育方法**：播种、扦插或高压法。

● **栽培要点**：栽培介质以沙质壤土为佳。年中施肥3～4次，氮肥偏多叶色美观。圆柏、龙柏为浅根性植物，苗圃植株每2年需假植一次，若超过4年未移植，移植之前应先断根处理1年以上，促使萌发细根，否则不易成活。

▲ 圆柏‘龙柏’（栽培种）
Sabina chinensis ‘Kaizuka’

▲ 龙柏球果

▲ 圆柏‘千头圆柏·球柏’（栽培种）
Sabina chinensis ‘Globosa’

▲ 龙柏密植，修剪成绿篱，风格独特

▲圆柏'龙柏'（栽培种）
Sabina chinensis 'Kaizuka'

▲圆柏'龙柏'（栽培种）
Sabina chinensis 'Kaizuka'

▲龙柏修剪成圆形

▲龙柏列植，修剪成绿墙

▲圆柏'喜乐龙柏'（栽培种）
Sabina chinensis 'Kaizuka Delight'

▲圆柏'黄金龙柏'（栽培种）
Sabina chinensis 'Kaizuka Variegata'

▲圆柏'天长柏'（栽培种）
Sabina chinensis 'Keteleeria'

▲银柏雄花

▲圆柏'银柏'（栽培种）
Sabina chinensis 'Pfitzeriana Glauca'

▲圆柏'塔柏·檀香柏'（栽培种）
Sabina chinensis 'Pyramidalis'

▲圆柏'塔柏·檀香柏'（栽培种）
Sabina chinensis 'Pyramidalis'

▲ 圆柏'真柏'（栽培种）
Sabina chinensis 'Shimpaku'

▲ 圆柏'真柏'（栽培种）
Sabina chinensis 'Shimpaku'

▲ 圆柏'真柏'（栽培种）
Sabina chinensis 'Shimpaku'

▲ 真柏球果

▲ 圆柏'三光柏'（栽培种）
Sabina chinensis 'Old Gold'

▲圆柏'铁柏'（栽培种）
Sabina chinensis 'Unshakable'

▲偃柏·海瑞（原产中国、俄罗斯、日本）
Sabina chinensis var. *sargentii*

▲铺地柏·爬地柏（原产日本）
Sabina procumbens

▲偃柏·海瑞（原产中国、俄罗斯、日本）
Sabina chinensis var. *sargentii*

▲偃柏·海瑞（原产中国、俄罗斯、日本）
Sabina chinensis var. *sargentii*

▲偃柏雌花和球果

柏科常绿乔木

铅笔柏

- **别名**：北美圆柏。
- **植物分类**：圆柏属（*Sabina*）。
- **产地**：北美洲亚热带至温带地区。园艺观赏零星栽培。
- **形态特征**：株高可达30米，树冠圆锥形。叶有2形，蓝绿色；鳞叶菱状卵形，先端急尖或渐尖；针叶3叶交叉对生，上面凹，被白粉。球果近球形或卵圆形，被白粉，熟果蓝绿色。园艺栽培种如新蓝柏、灰猫头鹰、银香柏、珍珠柏、蓝冠柏等。
- **用途**：园景树、幼树盆栽。木材具香气，可制高级家具、铅笔杆等。
- **生长习性**：阳性植物。性喜温暖、湿润、向阳之地，生长适宜温度15～25℃，日照80%～100%。耐寒不耐热，高冷地生长良好，平地高温生长迟缓。
- **繁育方法**：播种、扦插或高压法。
- **栽培要点**：栽培介质以石灰质之沙质壤土为佳。幼树冬季至春季施肥3～4次。梅雨季避免排水不良。

▲铅笔柏'银香柏'（栽培种）
Sabina virginiana 'Glauca'

▲铅笔柏'银香柏'（栽培种）
Sabina virginiana 'Glauca'

▲铅笔柏'珍珠柏'（栽培种）
Sabina virginiana 'Compact Nana'

▲铅笔柏'珍珠柏'（栽培种）
Sabina virginiana 'Compact Nana'

▲ 铅笔柏'蓝冠柏'（栽培种）
Sabina virginiana 'Blue Head'

▲ 高山柏·香青·玉山圆柏（原产中国）
Sabina squamata

柏科常绿灌木或乔木

高山柏

- **别名**：香青、玉山圆柏。
- **植物分类**：圆柏属（*Sabina*）。
- **产地**：中国暖带至温带地区，园艺景观零星栽培。
- **形态特征**：生育地不同，有灌木和乔木两类；灌木匍匐状，乔木株高可达35米。针叶披针形，3叶交叉轮生，微弯曲，先端锐尖，叶表微凹具白粉，叶背有纵脊。果实近球形或椭圆形，黑熟。园艺栽培种有垂枝香青、粉柏等。
- **用途**：园景树、幼树盆栽。
- **生长习性**：阳性植物。性喜冷凉、湿润、向阳之地，生长适宜温度12～22℃，日照80%～100%。寿命长，耐寒不耐热，中、高海拔高冷地生长良好，平地高温生长迟缓或不良。
- **繁育方法**：播种或高压法。
- **栽培要点**：栽培介质以石灰质之沙质壤土为佳。幼树冬季至春季施肥3～4次。梅雨季避免排水不良。

▲ 高山柏'粉柏'（栽培种）
Sabina squamata 'Meyeri'

▲ 高山柏'垂枝香青'（栽培种）
Sabina squamata 'Bule Carpet'

▲ 丽柏'丽银柏'（栽培种）
Sabina scopulorum 'Blue Heaven'

柏科常绿乔木

丽柏

- **别名**：落基山圆柏。
- **植物分类**：圆柏属（*Sabina*）。
- **产地**：北美洲西岸至新墨西哥热带、亚热带至暖带地区。
- **形态特征**：株高可达15米，树冠圆形至圆锥形，树皮红褐色，小枝纤细。叶鳞片状，3叶交叉轮生，绿色。球果近球形或卵圆形。园艺栽培种有丽银柏，老熟枝叶呈绿色，春季新生枝叶呈银白色。
- **用途**：园景树、幼树盆栽。
- **生长习性**：阳性植物。性喜温暖耐高温、湿润、向阳之地，生长适宜温度18～28℃，日照80%～100%。耐寒也耐热，高冷地生育良好，平地夏季高温生长略为迟缓，但仍健美，观赏价值高。
- **繁育方法**：播种、扦插、高压法。
- **栽培要点**：栽培介质以沙质壤土为佳。幼树春、夏季施肥3～4次，施用有机肥料肥效极佳。梅雨季栽培介质避免排水不良。

柏科常绿灌木

欧洲刺柏·洋杜松类

- **植物分类**：圆柏属（*Sabina*）。
- **产地**：原种分布于欧洲、北美洲以及北亚、北非热带至温带地区。
1. **垂枝杜松**：常绿灌木，园艺观赏零星栽培。株高可达2.5米，枝条细长，下垂性，树皮红褐色。针刺叶线形，略弯曲，深绿色，叶面有白色气孔带。球果卵形或近球形。树姿风格别致，可整形成高贵盆景。
2. **密叶杜松**：常绿灌木，园艺观赏零星栽培。株高可达2米，善分枝，小枝匍匐状，树皮黄褐色。针刺叶线形，细长，粉绿色，叶面有白色气孔带。球果卵形或近球形。
- **用途**：园景树、盆栽、盆景。
- **生长习性**：阳性植物，性喜冷凉、干燥、向阳之地，生长适宜温度13～23℃，日照70%～100%。高冷地或中海拔山区生育良好，平地夏季高温或秋末至春季低温期生长尚佳，夏季高温多湿则生育转劣。
- **繁育方法**：播种、扦插。（栽培要点可比照北美香柏。）

▲ 洋杜松'垂枝杜松'（栽培种）
Sabina communis 'Pendula'

柏科常绿乔木

北美崖柏

- **别名**：美国崖柏、香柏。
- **植物分类**：崖柏属（*Thuja*）。
- **产地**：北美洲亚热带至温带地区。园艺观赏零星栽培。
- **形态特征**：株高可达20米以上，树皮红褐色至灰褐色，小枝平展，树冠塔形。鳞叶揉碎具香气，表面深绿，背面灰绿或淡黄绿；两侧鳞叶先端尖，内弯；小枝下面的鳞叶几无白粉。球果长椭圆形。园艺栽培种多达120种以上，如丽香柏、圆香柏、矮香柏、金掌柏、金香柏等。
- **用途**：园景树、盆栽。木材供制家具、器具。
- **生长习性**：阳性植物，性喜冷凉、干燥、向阳之地，生长适宜温度13~23℃，日照70%~100%。高冷地或中海拔山区生育良好，平地夏季高温生育不良。
- **繁育方法**：播种、扦插或高压法。
- **栽培要点**：栽培介质以沙质壤土为佳。平地栽培秋末至春季生育期，每1~2个月施肥1次。夏季高温或梅雨季，尽量保持通风凉爽。

▲北美崖柏·美国崖柏·香柏（原产北美洲）
Thuja occidentalis

▲北美崖柏球果

▲洋杜松'垂枝杜松'（栽培种）
Sabina communis 'Pendula'

▲洋杜松'密叶杜松'（栽培种）
Sabina communis 'Hornibrookii'

柏科常绿乔木

侧柏

- ●**别名**：扁柏。
- ●**植物分类**：侧柏属（*Platycladus*）。
- ●**产地**：中国华中、华北和韩国亚热带至温带地区。园艺景观普遍栽培。
- ●**形态特征**：株高可达20米，主干通直。鳞叶先端微钝，侧生，扁平，叶背有腺点。雌雄同株，球果卵状椭圆形，顶端有反曲尖钩，幼果外被白粉。园艺栽培种多达60种以上，如千头侧柏、黄金侧柏、洒金侧柏、金团侧柏、金塔侧柏、玲珑侧柏等。
- ●**用途**：园景树、绿篱、盆栽。枝叶有毒，不可误食。木材具香气，纹理细致可作建筑、家具、造船、雕刻等用材。药用可治高血压、流行性腮腺炎、老人秘虚等。
- ●**生长习性**：阳性植物。性喜温暖、湿润、向阳之地，生长适宜温度18～30℃，日照70%～100%。树性强健，成长缓慢，耐寒、耐热，幼树耐阴。高冷地和中、北部生育良好，南部夏季高温生育较迟缓。
- ●**繁育方法**：播种、扦插法。
- ●**栽培要点**：栽培介质以沙质壤土为佳。平地栽培冬至春季生育期施肥2～3次。成树移植之前需断根处理。黄金侧柏栽培地点力求通风良好，通风不良或高温干燥，常导致植株枝叶干枯。

▲ 侧柏·扁柏（原产中国、韩国）
Platycladus orienalis

▲ 侧柏·扁柏（原产中国、韩国）
Platycladus orienalis

▲ 侧柏·扁柏（原产中国、韩国）
Platycladus orienalis

▲侧柏雌雄花和幼果，外被白粉

▲侧柏之成熟球果

▲侧柏'千头侧柏'（栽培种）
Platycladus orienalis 'Sieboldii'

▲千头侧柏雌花和幼果，外被白粉

▲侧柏'千头侧柏'（栽培种）
Platycladus orienalis 'Sieboldii'

▲ 侧柏'黄金侧柏'（栽培种）
Platycladus orienalis 'Aurea Nana'

▲ 黄金侧柏雌花

▲ 黄金侧柏之幼果，外被白粉

▲ 侧柏'黄金侧柏'（栽培种）
Platycladus orienalis 'Aurea Nana'

▲ 侧柏'洒金侧柏'（栽培种）
Platycladus orienalis 'Aurea'

柏科常绿灌木或小乔木

狐尾柏

- **别名**：非洲柏。
- **植物分类**：狐尾柏属（非洲柏属）（*Widdringtonia*）。
- **产地**：非洲热带至亚热带地区，园艺观赏零星栽培。
- **形态特征**：株高可达5米以上，树冠狭圆锥形，枝条红褐色。小枝和针叶质地柔软，叶背有白粉；针叶线形或线状披针形，先端渐尖；幼树针叶生长疏松，长1~1.6厘米，粉蓝色；成树针叶生长密集，长0.5~0.8厘米，粉绿色。
- **用途**：园景树、盆栽。
- **生长习性**：阳性植物。性喜高温、湿润、向阳之地，生长适宜温度20~30℃，日照70%~100%。生性强健，耐寒也耐热。
- **繁育方法**：播种、扦插法。
- **栽培要点**：栽培介质以腐殖土或沙质壤土为佳。幼树春、夏季生育期施肥2~3次。栽培地点力求通风良好，以防植株因枝叶密集而干枯。春季修剪整枝。冬季温暖、避风越冬。

▲狐尾柏·非洲柏（原产非洲热带地区）
Widdringtonia nodiflora

▲侧柏'洒金侧柏'（栽培种）
Platycladus orienalis 'Aurea'

▲狐尾柏·非洲柏（原产非洲热带地区）
Widdringtonia nodiflora

▲ 台湾冷杉（原产中国台湾）
Abies kawakamii

▲ 台湾冷杉（原产中国台湾）
Abies kawakamii

松科常绿大乔木

台湾冷杉

- ●**植物分类**：冷杉属（*Abies*）。
- ●**产地**：台湾特有植物，原生于中央山脉海拔2 800～3 500米的高冷地，大雪山、合欢山、玉山均有野生族群或零星景观栽培。
- ●**形态特征**：株高可达35米，主干通直，树皮灰褐色，大枝平展，小枝密生柔毛。叶阔线形，先端圆钝或凹入，叶背有2条白粉带。球果长椭圆形，熟果暗紫色，近无梗。
- ●**用途**：园景树、幼树盆栽。木材轻软，可制家具、作建材、造纸等。
- ●**生长习性**：中性植物。性喜冷凉、湿润、向阳至略荫蔽之地，生长适宜温度10～20℃，日照60%～100%。极耐寒、不耐热，中、高海拔高冷地生长良好，平地高温越夏困难。
- ●**繁育方法**：播种法。
- ●**栽培要点**：栽培介质以沙砾土或沙质壤土为佳。梅雨季排水需良好。春、夏季生育期施肥3～4次。枝叶苍劲，自然树形美观，尽量少修剪。

松科常绿大乔木

雪松类

- ●**植物分类**：雪松属（*Cedrus*）。
- ●**产地**：雪松分布于喜马拉雅山西部海拔1 200～3 300米之高冷地。银雪松是北非雪松的变种，原种分布于非洲西北部阿特拉斯山区。
- 1.**雪松**：园艺景观普遍栽培。株高可达70米以上，树冠塔形，大枝平展略下垂，小枝细长。叶针形，浅绿色，常呈三棱状，质硬，腹面及侧面均有气孔，幼叶气孔线被白粉，蓝绿色。雌雄异株，球果卵圆形或近球形，未熟果略被白粉。园艺栽培种有垂枝雪松。
- 2.**北非雪松**：株高可达40米，树冠塔形，大枝平展或斜上，小枝细长微下垂。叶针形，常呈四棱状，被白粉，蓝绿色。球果卵状短圆柱形，未熟果被白粉。园艺栽培种称银雪松，树冠酷似披白色雪花，园艺观赏零星栽培。
- ●**用途**：园景树、幼树盆栽。成树下垂之枝丫酷似披雪花，树冠壮硕雄伟，为世界著名之景观树。木材有树脂，具香气，可作建筑、家具用材。

- **生长习性**：阳性植物。性喜冷凉至温暖、干燥、向阳之地，生长适宜温度12～25℃，日照70%～100%。耐寒、不耐热、耐瘠，忌烟害。中、高海拔高冷地生长良好，平地夏季高温生长迟缓。
- **繁育方法**：播种或扦插法。
- **栽培要点**：栽培介质以沙质壤土为佳。秋末至春季生长期，每1～2个月施肥1次。幼树枝条生长不均衡，适时加以修剪整枝。夏季高温尽量保持通风凉爽。成树移植之前需断根处理。

▲ 雪松（原产喜马拉雅山）
Cedrus deodara

▲ 北非雪松'银雪松'（栽培种）
Cedrus atlantica 'Glauca'

▲ 雪松（原产喜马拉雅山）
Cedrus deodara

▲ 雪松雄花

▲ 雪松'垂枝雪松'（栽培种）
Cedrus deodara 'Pendula'

▲铁坚油杉（原产中国）
Keteleeria davidiana

▲铁坚油杉（原产中国）
Keteleeria davidiana

▲铁坚油杉在春夏之交生长的幼嫩枝叶

松科常绿大乔木

油杉类

● **植物分类**：油杉属（*Keteleeria*）。

● **产地**：原种产于中国华南、华西至华中及越南热带至暖带地区。

1. **铁坚油杉**：株高可达50米，树皮暗灰色，深纵裂。1年生枝条有毛或无毛，2～3年生枝条常有龟裂薄片。叶线形，长2～5厘米，扁平，中肋隆起，先端钝圆或微凹（幼树或新生枝条之叶呈刺状长尖，触摸会刺手），叶缘略反卷；叶背中脉两侧各有10～16条气孔线，微被白粉。球果圆柱形。

2. **台湾油杉**：冰河孑遗植物之一，铁坚油杉的自然变种，中国台湾特有植物，原生于北部坪林及南部枋山、大武山区，野生族群濒临灭绝，为稀有保育植物，但园艺业者已利用无性繁殖大量生产苗木（嫁接苗木常有植物返祖现象，长出原种铁坚油杉之枝叶）。株高可达35米以上，树皮灰褐色，不规则纵裂。叶线形，长1.5～4厘米，扁平，中肋隆起，先端钝圆或微凹（俗称台湾圆叶油杉），叶缘略反卷；叶背中脉两侧各有10～13条气孔线。雄花圆柱形，簇生。球果直立，圆柱状长椭圆形。

3. **云南油杉**：园艺景观零星栽培。株高可达40米，树皮暗灰褐色，小枝常下垂。叶线形，长2～6.5厘米，扁平，中肋隆起，先端钝尖（幼树或新生枝条之叶呈刺状长尖，触摸会刺手）；叶背中脉两侧各有14～19条气孔线。雄花短圆柱形，簇生。球果长圆柱形。

4. **矩鳞油杉**：园艺观赏零星栽培。株高可达20米，1～2年生枝条红褐色，密被毛。叶线形，长2～3厘米，扁平，先端钝或渐尖（幼树或萌生新枝之叶先端刺尖，触摸常刺手），叶背中脉两侧各有15～25条气孔线。球果圆柱形，种鳞上部边缘有细刺。

● **用途**：园景树、幼树盆栽。木材可制建材、板材。根及木材可提炼高级精油，治皮肤病，枝叶抗癌。

● **生长习性**：阳性植物。性喜温暖至高温、湿润、向阳之地，生长适宜温度18～30℃，日照70%～100%。树性强健，生长缓慢，耐寒、耐热、耐瘠。

● **繁育方法**：播种、嫁接法。

● **栽培要点**：栽培介质以偏酸性之沙质壤土为佳。幼树每年施肥3～4次，施用有机肥料肥效极佳。成长缓慢，修剪整枝避免重剪或强剪。成树移植之前断根处理。

▲ 台湾油杉雄花

▲ 台湾油杉（原产中国台湾）
Keteleeria davidiana var. *formosana*

▲ 台湾油杉球果

▲ 云南油杉（原产中国）
Keteleeria evelyniana

▲ 矩鳞油杉（原产中国）
Keteleeria oblonga

▲ 台湾云杉（原产中国台湾）
Picea morrisonicola

松科常绿灌木或乔木

云杉类

- ●**植物分类**：云杉属（*Picea*）。
- ●**产地**：北半球欧洲中北部、北美洲中南部、亚洲东北部，暖带至温带高冷地山区。
- 1.**台湾云杉**：常绿大乔木。中国台湾特有植物，原生于中央山脉海拔2 300～3 000米之高山，高冷地如大雪山、合欢山、陈有兰溪、溪头台大实验林均有野生族群或零星景观栽培。株高可达50米，树冠圆锥形，树皮灰褐色。叶针形，四棱状，偶有3棱或5棱，直或微弯。球果卵状圆柱形，悬垂。
- 2.**白云杉**：别名短叶云杉。常绿灌木。株高可达2.5米，树冠圆锥形，树皮红褐色。叶针形，有棱角，深绿色。园艺栽培种有圆锥白云杉，园艺观赏零星栽培。
- 3.**北美云杉**：别名黄褐云杉。常绿大乔木。株高可达30米，树皮黄褐色。叶针形，有棱，坚硬，先端锐尖，蓝绿色或粉蓝色，具香气。球果长椭圆状圆柱形。园艺栽培种有粉绿云杉、粉白云杉，针叶粉绿或粉白色，观赏价值高，园艺观赏零星栽培。
- 4.**鱼鳞云杉**：别名鱼鳞松。常绿大乔木，园艺观赏零星栽培。株高可达25米，树冠尖塔形，侧枝略下

▲ 台湾云杉枝叶和虫瘿

▲ 白云杉‘圆锥白云杉’（栽培种）
Picea glauca ‘Conica’

垂。叶针形，微弯，浓绿色，先端微钝，表面有2条白色气孔带。球果圆柱形或长卵形，下垂，果鳞排列似鱼鳞。

●**用途**：园景树、绿篱、幼树盆栽。台湾云杉木材黄白色，质地轻软密致，可作造船、建筑、家具用材。

●**生长习性**：阳性植物。性喜冷凉、干燥、向阳之地，生长适宜温度10～20℃，日照70%～100%。极耐寒、不耐热、耐旱、耐瘠。适于高冷地或中、高海拔栽培，平地高温越夏困难。

●**繁育方法**：播种法或嫁接法。

●**栽培要点**：栽培介质以沙质壤土为佳。幼树每年施肥3～4次。粉绿云杉和粉白云杉生长缓慢，自然树形美观，尽量少做修剪。

▲北美云杉‘粉白云杉’（栽培种）
Picea pungens 'Hoopsii'

▲北美云杉‘粉绿云杉’（栽培种）
Picea pungens 'Glauca'

▲鱼鳞云杉·鱼鳞松（原产中国、日本、韩国、俄罗斯）*Picea jezoensis*

▲北美云杉‘粉白云杉’（栽培种）
Picea pungens 'Hoopsii'

松科常绿大乔木

松树类

● **植物分类**：松属（*Pinus*）。
● **产地**：广泛分布于北半球热带、温带、寒带低至高海拔冷凉山区。

1. **台湾华山松**：别名台湾果松。华山松的变种，原生于中国台湾中、北部海拔2 000～3 300米高山，高冷地园艺观赏零星栽培。株高可达30米，树冠圆锥形或柱状塔形，树皮灰褐至灰黑色，浅裂或不规则纵裂。叶5针一束，横切面三角形（叶似台湾五叶松，但比五叶松长）。球果长卵形，果鳞阔三角形，鳞背先端微反曲，鳞脐无刺。

2. **湿地松**：园艺景观零星栽培。株高可达30米，树皮灰红褐色，纵向深沟裂。叶2～3针一束，每侧均具白色气孔带。球果有短柄，卵状圆锥形，鳞脐有小尖刺。

3. **加拿利松**：别名银松。园艺观赏零星栽培。株高可达25米，树冠圆锥形，老树干皮深裂，红褐色。叶3针一束，柔软，蓝绿色，被白粉。球果椭圆状卵形，长9～18厘米。

▲ 台湾华山松·台湾果松（原产中国台湾）
Pinus armandii var. *masteriana*

▲ 台湾华山松球果

▲ 湿地松球果

▲ 湿地松（原产北美洲）
Pinus elliottii

4. **琉球松**：园艺景观零星栽培。株高可达20米，树皮黑褐色，纵向沟裂。叶2针一束，横断面近半圆形。球果卵圆形，鳞脐具小刺或微尖突。早期为台湾低海拔造林主要树种，尤以北部较普遍栽培；但近十几年来，松材线虫危害严重，大树存活已不多。

5. **马尾松**：园艺景观零星栽培。株高可达30米，树皮红褐色，鳞片状龟裂。叶2针一束，稀3针一束，具细齿，细长柔软，形似马尾。球果卵形，果鳞菱形，鳞背平或略隆起，鳞脐微凹无刺。

6. **黄山松**：园艺景观零星栽培。株高可达30米，树皮灰褐色，纵向鳞片状沟裂。叶2针一束，有细齿。球果圆形至卵圆形，近无梗，果鳞长椭圆状矩形，鳞脐肥厚，无刺。近十几年来，松材线虫危害甚为严重。

7. **台湾五叶松**：台湾特有植物，原生于中国台湾中、北部海拔300~2300米山区，园艺景观普遍栽培。株高可达30米，幼树干皮光滑，老树浅龟裂至浅沟裂，树皮灰褐至黑褐色。叶5针一束，横切面三角形，有细齿，微弯。球果卵状椭圆形，被树脂，果鳞扁菱形，先端向外弯曲，无刺。本种目前最抗松

▲琉球松（原产日本）
Pinus luchuensis

▲加拿利松·银松（原产非洲加拿利岛）
Pinus canariensis

▲马尾松叶2针一束或偶3针一束，细长柔软

▲马尾松（原产中国）
Pinus massoniana

材线虫危害，台湾中部庭园景观和苗圃普遍而大量栽培。

8.**黑松**：园艺景观普遍栽培。株高可达30米，树冠圆锥形至伞形，树皮灰褐至灰黑色。叶2针一束，刚硬，边缘有细齿。球果圆锥状卵形，鳞背平坦，鳞脐有短刺。园艺栽培种有锦松、蛇目黑松、垂枝黑松、三河黑松、红斑黑松等。

● **用途**：园景树、行道树、幼树盆栽。木材供制建材、家具、枕木，造纸或提炼精油。

● **生长习性**：阳性植物。性喜温暖至高温、适润至干燥、向阳之地，生长适宜温度15～30℃（加拿利松、台湾华山松性喜冷凉，生长适宜温度10～20℃），日照80%～100%。树性强健，生长缓慢，寿命长，耐寒、耐热、耐旱、耐瘠。

● **繁育方法**：播种法。

● **栽培要点**：栽培介质以沙质壤土为佳。幼树每年施肥3～4次。性耐旱，土壤保持适润至略干燥，栽培地点切忌排水不良长期潮湿。成长缓慢，避免重剪或强剪。成树移植前需断根处理。

▲黄山松（原产中国）
Pinus taiwanensis

▲黄山松雄花

▲黄山松球果

▲台湾五叶松（原产中国台湾）
Pinus morrisonicola

▲ 台湾五叶松之叶，5针一束为重要特征

▲ 台湾五叶松（原产中国台湾）
Pinus morrisonicola

▲ 台湾五叶松雄花

▲ 台湾五叶松雌花

▲ 台湾五叶松球果

▲ 台湾五叶松（原产中国台湾）
Pinus morrisonicola

▲黑松雄花

▲黑松（原产韩国、日本）
Pinus thunbergii

▲黑松球果

▲黑松（原产韩国、日本）
Pinus thunbergii

▲黑松（原产韩国、日本）
Pinus thunbergii

▲ 黑松 '三河黑松'（栽培种）
Pinus thunbergii 'Mikawa Form'

▲ 金钱松（原产中国）
Pseudolarix amabilis (*Pseudolarix kaempferi*)

松科落叶大乔木

金钱松

- **植物分类**：金钱松属（*Pseudolarix*）。
- **产地**：中国长江中、下游以南低海拔温暖地区。园艺观赏普遍栽培。
- **形态特征**：株高可达40米，树冠阔塔形，主干通直，侧枝轮生，树皮不规则片状深裂，灰褐色。叶簇生，线形，直或略弯曲，先端锐尖，柔软，十数枚开展成扇形或圆形，冬季落叶前呈金黄色。球果直立，卵圆形或倒卵形，果鳞卵状披针形。
- **用途**：园景树、幼树盆栽。树姿优美，为高级园景树。木材供制建材、家具、器具，种子榨油。
- **生长习性**：阳性植物。性喜温暖、湿润、向阳之地，生长适宜温度15～25℃，日照80%～100%。生长缓慢，耐寒、不耐热、耐旱、不耐潮湿。高冷地生长良好，平地夏季高温生长迟缓或不良。
- **繁育方法**：播种、扦插、嫁接法。
- **栽培要点**：栽培介质以土层深厚之沙质壤土为佳。幼树每年施肥3～4次。栽培地点切忌排水不良。成长缓慢，尽量避免重剪或强剪。

▲ 金钱松（原产中国）   黄秀君摄影
Pseudolarix amabilis (*Pseudolarix kaempferi*)

松科常绿大乔木

台湾黄杉

- ●**别名**：威氏帝杉、台湾帝杉。
- ●**植物分类**：黄杉属（*Pseudotsuga*）。
- ●**产地**：中国台湾特有植物，原生于大甲溪及立雾溪上游、新竹八通关古道等海拔810～2 700米山区，野生族群渐少之稀有植物，园艺观赏零星栽培。
- ●**形态特征**：株高可达50米，树冠塔形，干皮深纵裂，黑褐色。叶线形，扁平，长1.5～3厘米，常旋生成2列，先端凹裂，叶背具2条灰绿色气孔带，柔软不刺手。球果卵圆形，悬垂性，果鳞特长，反卷。
- ●**用途**：园景树、幼树盆栽。木材可用作建筑、家具。
- ●**生长习性**：阳性植物。性喜冷凉至温暖、湿润、向阳之地，生长适宜温度13～25℃，日照80%～100%。生长缓慢，寿命长，耐寒不耐热。高冷地生长良好，平地夏季高温生长迟缓。
- ●**繁育方法**：播种法。
- ●**栽培要点**：栽培介质以沙质壤土或沙砾土为佳。幼树年中施肥3～4次，土壤保持适润。成长缓慢，尽量避免重剪或强剪。成树移植前需断根处理。

▲ 台湾黄杉·威氏帝杉·台湾帝杉（原产中国台湾）
Pseudotsuga sinensis var. wilsoniana（Pseudotsuga wilsoniana）

▲ 台湾黄杉叶线形，扁平，常旋生成2列，先端凹裂，柔软不刺手

松科常绿大乔木

铁杉

- ●**植物分类**：铁杉属（*Tsuga*）。
- ●**产地**：中国华中、华东及西南地区。零星景观栽培。
- ●**形态特征**：株高可达50米，树皮纵向深裂，成鳞片状剥落，灰褐色至黑褐色。叶短线形，扁平，长0.5～1.5厘米，旋生排成2列，先端钝或微凹，叶背具2条白色气孔带。球果椭圆状卵形，果鳞先端扁圆。
- ●**用途**：园景树。木材可作建筑、家具、器具、造纸等用材。药用可治风湿痛、皮肤湿疹等。
- ●**生长习性**：中性植物。性喜冷凉、湿润、向阳至略荫蔽之地，生长适宜温度10～20℃，日照50%～100%。生长缓慢，寿命长，耐寒、不耐热、耐旱、耐瘠。中、高海拔高冷地生长良好，平地高温越夏困难。
- ●**繁育方法**：播种法。
- ●**栽培要点**：栽培介质以沙砾土或沙质壤土为佳。幼树每年施肥3～4次。成长缓慢，避免重剪或强剪。

▲ 台湾黄杉球果

▲ 铁杉（原产中国）
Tsuga chinensis

▲ 铁杉（原产中国）
Tsuga chinensis

▲ 铁杉球果

罗汉松科常绿大乔木

鸡毛松

- ●**植物分类**：鸡毛松属（*Dacrycarpus*）。
- ●**产地**：中国华南（海南岛主要树种）及印度尼西亚、越南、菲律宾热带至亚热带地区。园艺观赏零星栽培。
- ●**形态特征**：株高可达30米，主干通直，侧枝开展或微下垂，小枝纤细。叶有2形：老枝鳞叶覆瓦状排列；幼树小枝顶端叶线形，排成2列，质软、扁平，形似羽毛，两面均有气孔线。雄花穗状顶生，雌花单生或成对顶生。种子卵圆形，生于肉质种托上。
- ●**用途**：园景树、幼树盆栽。木材可作建筑、桥梁、造船、家具、雕刻等用途。
- ●**生长习性**：阳性植物。性喜高温、湿润、向阳之地，生长适宜温度20～30℃，日照70%～100%。生性强健，耐热、耐旱、耐瘠。
- ●**繁育方法**：播种法，成熟种子必须现采即播。
- ●**栽培要点**：栽培介质以沙质壤土为佳。幼树每年施肥3～4次。成树移植前需断根处理。

▲ 鸡毛松（原产中国南部、印度尼西亚、越南、菲律宾）*Dacrycarpus imbricatus* (*Podocarpus imbricatus*)

竹柏

- **植物分类**：竹柏属（*Nageia*）。
- **产地**：中国华南、华中和西南地区及日本。园艺景观普遍栽培。
- **形态特征**：株高可达20米以上，树冠广圆锥形，主干通直，树皮近平滑，红褐色。叶对生，椭圆形、长卵形或椭圆状披针形，先端渐尖，无中脉，全缘，厚革质。雌雄异株或稀同株，雄花葇荑花序圆柱形，雌花具苞片和短梗，腋生，乳白色。种实球形，青蓝色被白粉，熟果暗紫色。园艺栽培种有圆叶竹柏、白玉竹柏、黄金竹柏、白斑竹柏、垂枝竹柏等，园艺景观零星栽培。
- **用途**：园景树、行道树、盆栽。木材纹理细直，可作建筑、家具、器具、雕刻、工艺品等用材。
- **生长习性**：中性植物。性喜温暖至高温、湿润、向阳或略荫蔽之地，生长适宜温度18～30℃，日照60%～100%。树性强健，生长缓慢，寿命长，耐寒也耐热、耐阴、耐瘠，抗风。
- **繁育方法**：播种法。
- **栽培要点**：栽培介质以沙质壤土为佳。幼苗好阴，日照50%～70%为佳。幼树年中施肥3～4次。生长缓慢，避免重剪或强剪。成树移植前需断根处理。

▲ 竹柏（原产中国、日本）
Nageia nagi (Podocarpus nagi)

▲ 竹柏（原产中国、日本）
Nageia nagi (Podocarpus nagi)

▲ 竹柏雄花

▲ 竹柏种实球形，青蓝色，被白粉

▲竹柏实生苗叶形多变，常出现椭圆状披针
形叶片

▲竹柏'圆叶竹柏'（栽培种）
Nageia nagi 'Latifolia'

▲竹柏'白玉竹柏'（栽培种）
Nageia nagi 'White Kalakaua'

▲竹柏'白斑竹柏'（栽培种）
Nageia nagi 'Variegata'

▲竹柏'垂枝竹柏'（栽培种）
Nageia nagi 'Pendula'

▲竹柏'黄金竹柏'（栽培种）
Nageia nagi 'Golden Leaves'

罗汉松科 PODOCARPACEAE

罗汉松科常绿灌木或乔木

罗汉松类

●**植物分类**：罗汉松属（*Podocarpus*）。

●**产地**：广泛分布于世界热带、亚热带至温带，低至高海拔山区。

1. **罗汉松**：别名大叶罗汉松。常绿大乔木，园艺景观普遍栽培。株高可达20米，树皮浅纵裂成薄片剥落。叶线形或线状披针形，长7～12厘米，先端锐尖，硬革质。雌雄异株，雄花长圆柱形。种实卵圆形，被白粉，熟果紫黑色。种托肉质，暗红色。

2. **小叶罗汉松**：罗汉松的变种，常绿小乔木，园艺景观零星栽培。株高可达7米，叶短窄而密生，线形，长2.5～7厘米，先端锐或钝。雌雄异株，种实椭圆形，被白粉，熟果紫黑色。种托肉质，暗红色。

3. **短叶罗汉松**：常绿乔木，园艺观赏零星栽培。株高可达15米，小枝密生。叶密生，窄椭圆形，长1.5～2.8厘米，先端钝或微尖，全缘，硬革质。种实卵形或近球形，种托圆柱形。

4. **兰屿罗汉松**：常绿灌木或小乔木。原产于台湾兰屿海岸崖壁，野生族群濒临灭绝，但园艺景观普遍栽培。株高可达5米，叶线状倒披针形，先端圆或钝，硬革质。雌雄异株，雄花圆柱形。种实椭圆形，成熟呈黑色。种托肉质，成熟紫黑色。园艺栽培种有小叶兰屿罗汉松，叶长1.5～3厘米。

5. **垂叶罗汉松**：别名长叶罗汉松。常绿小乔木。园艺观赏零星栽培。株高可达5米，主干通直，侧枝细长，叶片下垂。叶互生，狭线形或线状披针形，长12～15厘米，先端渐尖，全缘，厚革质。雄花圆柱形，种实卵圆形。

6. **垂枝罗汉松**：别名球冠罗汉松。常绿乔木。园艺观赏零星栽培。株高可达18米，主干通直，侧枝细长而下垂。叶互生，狭线形，下垂，长15～30厘米，先端渐尖，全缘，厚革质。雄花短圆柱形。

7. **桃实百日青**：别名土杉。常绿乔木。台湾特有植物，原生于埔里、日月潭、莲华池一带海拔1000米以下山区，野生族群濒临灭绝，园艺景观零星栽培。株高可达20米，叶线状披针形，先端锐尖；新芽黄褐至朱红色。雌雄异株，种实卵圆形，顶端突起歪斜，桃果状。种托肉质，红色。

8. **丛花百日青**：常绿乔木。台湾特有植物，原生于台湾北、中、南部海拔1500～2500米山区，野生族

▲ 罗汉松·大叶罗汉松（原产中国、日本）
Podocarpus macrophyllus

▲ 罗汉松·大叶罗汉松（原产中国、日本）
Podocarpus macrophyllus

▲ 罗汉松未成熟种实和种托，被白粉

群濒临灭绝，园艺观赏零星栽培。株高可达15米，叶线状披针形，先端锐，弯曲镰刀状，新芽淡黄褐色。雌雄异株，雄花圆柱形，2～6枚腋生。种实卵圆形，顶端突起不歪斜。种托肉质，红色或紫色。

- **用途**：园景树、行道树、绿篱。木材可用作建筑、雕刻、工艺品。罗汉松药用可治跌打损伤、瘴癣。
- **生长习性**：中性植物，偏阳性。性喜温暖至高温、湿润、向阳或略荫蔽之地，生长适宜温度15～30℃，日照60%～100%。树性强健，生长缓慢，耐寒也耐热、耐阴、耐瘠，抗风，萌芽力强。桃实百日青和丛花百日青喜好冷凉至温暖，生长适宜温度15～28℃，高冷地生长良好，平地夏季高温生长迟缓。
- **繁育方法**：播种、扦插或高压法。
- **栽培要点**：栽培介质以沙质壤土为佳。幼树年中施肥3～4次。早春修剪整枝，尽量避免重剪或强剪。造型树或绿篱栽培，随时修剪整形。成树移植前需断根处理。

▲ 小叶罗汉松（原产中国、日本）
Podocarpus macrophyllus var. *maki*

▲ 罗汉松成熟种实紫黑色，被白粉，种托肉质，暗红色

▲ 小叶罗汉松成熟种实紫黑色，被白粉，种托肉质，暗红色
陈运造摄影

▲ 小叶罗汉松（原产中国、日本）
Podocarpus macrophyllus var. *maki*

▲ 短叶罗汉松（原产中国、菲律宾、印度尼西亚）
Podocarpus brevifolius

▲ 兰屿罗汉松（原产中国台湾）
Podocarpus costalis

▲ 兰屿罗汉松（原产中国台湾）
Podocarpus costalis

▲ 兰屿罗汉松雄花

▲ 兰屿罗汉松种实椭圆形，种托肉质，成熟紫黑色

▲ 兰屿罗汉松（原产中国台湾）
Podocarpus costalis

▲ 兰屿罗汉松'小叶兰屿罗汉松'（栽培种）
Podocarpus costalis 'Microphylla'

▲垂叶罗汉松·长叶罗汉松（原产非洲南部）
Podocarpus henkelii

▲丛花百日青（原产中国台湾）
Podocarpus fasciculus

▲垂枝罗汉松·球冠罗汉松（原产西非）
Podocarpus elongatus

▲丛花百日青种实

▲桃实百日青·土杉（原产中国台湾）
Podocarpus nakaii

▲桃实百日青种实卵圆形，种托肉质，成熟红色，顶端突起歪斜似桃果　　陈运造摄影

▲桃实百日青新芽朱红色，甚为出色

▲ 墨绿紫杉·曼地亚红豆杉（杂交种）
Taxus × media

▲ 南方红豆杉（原产中国及东南亚）
Taxus wallichiana var. mairei (Taxus sumatrana)

▲ 南方红豆杉（原产中国及东南亚）
Taxus wallichiana var. mairei (Taxus sumatrana)

红豆杉类

- ●**植物分类**：红豆杉属、紫杉属（*Taxus*）。
- ●**产地**：北半球热带至温带，中、高海拔冷凉山区。
- 1.**墨绿紫杉**：别名曼地亚红豆杉。高冷地园艺观赏零星栽培。株高可达15米，小枝黄绿色。叶墨绿色，线形，镰刀状弯曲，扁平，排成2列，革质。雌雄异株，种子包于红色假种皮内。
- 2.**南方红豆杉**：园艺观赏普遍栽培。株高可达18米，叶2列或螺旋状排列，线状披针形，扁平，镰刀弯曲，叶背有黄绿色气孔，革质。雌雄异株，种子包于红色假种皮内，略突出，假种皮鲜红色，形似红豆。
- 3.**东北红豆杉**：别名紫杉。常绿大乔木，园艺观赏零星栽培。株高可达20米，树皮红褐色。叶线形，不规则2裂，"V"形斜展，先端锐尖，叶背有两条灰绿色气孔带，革质。雌雄异株，种子卵圆形，包于红色假种皮内。
- ●**用途**：园景树、幼树盆栽。木材坚硬密致，具香气，可制高级家具、工艺品。心材可提炼染料。枝叶、树根内含紫杉醇，为世界著名之抗癌物质。
- ●**生长习性**：中性植物，偏阴性。性喜冷凉、湿润、略荫蔽之地，生长适宜温度12～22℃，日照50%～70%。生长缓慢，寿命长，耐寒不耐热、耐阴湿。高冷地或中、高海拔生长良好，平地夏季高温生长迟缓。
- ●**繁育方法**：播种或扦插法。
- ●**栽培要点**：栽培介质以沙质壤土为佳。高冷地春、夏季为生育期，水分、肥料需充分补给。平地栽培夏、秋季避免高温干燥，力求通风凉爽。生长缓慢，避免重剪或强剪。成树移植前需断根处理。

▲ 东北红豆杉·紫杉（原产中国、韩国、日本）
Taxus cuspidata

杉科常绿大乔木

柳杉

- **别名**：日本柳杉。
- **植物分类**：柳杉属（*Cryptomeria*）。
- **产地**：原生于日本暖带至温带地区，为日本造林主要树种。台湾海拔1 000～2 000米造林重要树种，高冷地如清境、溪头台大实验林均有大面积栽培，园艺景观零星栽培。
- **形态特征**：株高可达50米，树冠椭圆状圆锥形，主干通直，树皮暗红褐色，纵向沟裂，长条片剥落。叶螺旋状排列，凿形，镰刀状弯曲，质软不刺手。雌雄同株，雄花圆柱形，淡黄色，多数顶生；雌花球形，绿色。球果卵状球形，果鳞20～30个，先端有3～7裂齿。园艺栽培种有白芽柳杉、侏儒柳杉、白斑柳杉（1974年由变异枝选出）、密锥柳杉、旋叶柳杉、金叶柳杉等。
- **用途**：园景树。木材可作建筑、器具、板料、雕刻等用材。药用可治癣疮、漆疮、脚气病等。
- **生长习性**：阳性植物。性喜冷凉至温暖、湿润、向阳之地，生长适宜温度12～22℃，日照80%～100%。生长快速，耐寒、不耐热。高冷地或中海拔生长良好，平地夏季高温生长迟缓或不良。
- **繁育方法**：播种或扦插法。
- **栽培要点**：栽培介质以沙砾土或沙质壤土为佳。幼树每年施肥3～4次。生长缓慢，避免重剪或强剪。

▲ 柳杉·日本柳杉（原产日本）
Cryptomeria japonica（*Crytomeria fortunei*）

▲ 柳杉雄花

▲ 柳杉'白芽柳杉'（栽培种）
Cryptomeria japonica 'Albospica'

▲ 柳杉球果

▲ 杉木·福州杉（原产中国、越南）
Cunninghamia lanceolata

▲ 杉木叶长2～6厘米，叶背有2条白色气孔带

杉科常绿乔木

杉木类

- **植物分类**：杉木属（*Cunninghamia*）。
- **产地**：杉木原产中国长江流域以南及越南北部亚热带温暖地区。

1. **杉木**：别名福州杉。株高可达30米，树冠圆锥形，树皮灰褐色。叶狭长，线状披针形，长2～6厘米，镰刀状弯曲，先端有锋针，叶面深绿，叶背有两条白色气孔带。雌雄同株，雄花圆筒形，雌花球形，簇生枝端。球果椭圆形或卵形。

2. **台湾杉木**：别名峦大杉、香杉。台湾特有植物，生于中、北部海拔1 300～2 000米山区，为台湾造林重要树种，高冷地如栖兰山、太平山、达见、八仙山、清境、溪头台大实验林均有人工造林。
   株高可达50米，树冠圆锥形，树皮淡红褐色。叶狭短，线状披针形，长1.5～3.5厘米，先端有锋针，叶面有白粉，叶背有两条白色气孔带。雌雄同株，雄花长圆筒形，雌花球形，簇生枝端。球果近球形或卵形。木材具香气。

- **用途**：园景树。木材轻软，可用作建筑、电杆、家具、板料、工艺品、铅笔杆、造纸等。药用可治关节炎、遗精、慢性支气管炎等。
- **生长习性**：阳性植物。性喜温暖，耐高温、湿润、向阳之地，生长适宜温度15～28℃，日照80%～100%。生长快速，耐寒、耐热、不耐干燥。台湾杉木高冷地或中海拔生长良好，平地夏季高温生长迟缓或不良。
- **繁育方法**：播种或扦插法。
- **栽培要点**：栽培介质以微酸性沙质壤土为佳。幼树每年施肥3～4次。土壤保持适润成长迅速。

▲ 杉木雌花

▲ 杉木人工造林，绿荫遮天，景观优美

▲ 台湾杉木・峦大杉・香杉（原产中国台湾）
Cunninghamia lanceolata var. *konishii* (*Cunninghamia konishii*)

▲ 台湾杉木之雄花

▲ 台湾杉木球果

▲ 台湾杉木叶长1.5～3.5厘米，叶面有白粉，
叶背有2条白色气孔带

▲ 水松（原产中国）
Glyptostrobus pensilis

杉科落叶小乔木

水松

- **植物分类**：水松属（*Glyptostrobus*）。
- **产地**：原生于中国华南至西南部暖热地区，为中国珍稀植物。
- **形态特征**：株高可达10米，枝叶稀疏，老树干基部膨大，基部四周会长出直立膝根（呼吸根）。树皮灰褐色，不规则长条片龟裂。叶有3形：幼树叶线形，扁平2列状，叶背两侧有气孔带；大树新枝叶线状锥形，呈3列状；老树鳞叶，贴枝生长。球果直立，倒卵状球形。
- **用途**：园景树、幼树盆栽；河岸、池边、湿地美化。木材轻软耐水湿，可供建筑、造船、水闸板用途。
- **生长习性**：阳性植物。性喜高温、湿润、向阳之地，生长适宜温度20～30℃，日照80%～100%。水陆两栖，池边、河岸、湿地生育良好，耐热、不耐寒，台湾低海拔适合栽培。
- **繁育方法**：播种法。
- **栽培要点**：栽培介质以壤土或沙质壤土为佳。幼树春、夏季施肥3～4次。土壤保持潮湿生长迅速。

杉科落叶乔木

水杉

- **植物分类**：水杉属（*Metasequoia*）。
- **产地**：水杉化石的发现，经学者研究认为水杉已在冰河时期完全灭绝；1941年在中国湖北、湖南和四川赫然发现存活的水杉族群而震惊世界，堪为孑遗植物（活化石）。园艺景观零星栽培。
- **形态特征**：株高可达35米，树皮长条状纵裂，灰褐色。小侧枝羽状叶对生，叶线形，2列对生，叶背4列气孔线。雌雄同株，总状花序，雄花单生叶腋。球果球形或圆筒形，下垂，果鳞盾形。
- **用途**：园景树、幼树盆栽。木材可作建筑、电线杆、家具、板材、造纸等用材。
- **生长习性**：阳性植物。性喜冷凉至温暖、湿润、向阳之地，生长适宜温度12～25℃，日照80%～100%。耐寒不耐热，高冷地或中海拔山区生长良好。
- **繁育方法**：播种法或扦插法。
- **栽培要点**：栽培介质以微酸性沙质壤土为佳。春、夏季施肥2～3次。自然树形美观，尽量不修剪。

▲ 水杉（原产中国）
Metasequoia glyptostroboides

▲ 水杉小侧枝羽状小叶对生，是辨识的重要
特征（落羽杉之羽状小叶呈互生）

▲ 水杉球果

▲ 台湾杉·亚杉（原产中国台湾）
Taiwania cryptomerioides

杉科常绿大乔木

台湾杉

- **别名**：亚杉。
- **植物分类**：台湾杉属（*Taiwania*）。
- **产地**：台湾特有植物，为世界珍贵孑遗植物，原生
中央山脉海拔1 300～2 600米山区，台湾造林重要
树种，高冷地如惠荪林场、溪头台大实验林均有人
工造林，园艺景观零星栽培。
- **形态特征**：株高可达60米，树冠圆锥形至尖塔形，
主干通直，树皮灰红褐色，侧枝下垂先端扬起，
形似圣诞树。叶有2形，幼树线形，先端刺尖，质
硬会刺手；老树凿形或锥形，螺旋状排列，四面均
有气孔线，略被白粉。雌雄同株，雄花2～7簇生枝
端；雌花单生枝端。球果长卵形，果鳞倒心形。
- **用途**：园景树、幼树盆栽。木材可作建筑、电线
杆、家具、板材、造纸等用材。
- **生长习性**：中性植物。性喜冷凉至温暖、湿润、
向阳至荫蔽之地，生长适宜温度12～22℃，日照
60%～100%。成长快速，耐寒、不耐热，高冷地或
中海拔生长良好，平地夏季高温生长迟缓或不良。
- **繁育方法、栽培重点**：可参照水杉。

▲ 台湾杉·亚杉（原产中国台湾）
Taiwania cryptomerioides

▲ 台湾杉雄花

杉科落叶或半落叶乔木

落羽杉类

● **植物分类**：落羽杉属（*Taxodium*）。

● **产地**：北美洲南部、东南部至中美洲温暖山区。

1. **落羽杉**：别名落羽松、美国水松。落叶乔木，园艺景观普遍栽培。株高可达30米，树冠圆锥形，主干通直，老树干基膨大，生于浅水湿地会长出膝根。小侧枝羽状小叶互生，叶线形，2列，质柔软。雄花穗状下垂。球果近球形，果鳞微凸。园艺栽培种有垂枝落羽松，小侧枝下垂。

2. **墨西哥落羽杉**：别名墨杉、墨西哥落羽松。半落叶乔木，园艺景观零星栽培。株高可达25米，树冠伞形，主干通直。小侧枝羽状小叶互生，叶线形，2列，质柔软。雌雄同株，雄花穗状下垂。球果近球形，果鳞粗糙，并有刺尖突起。园艺栽培种有垂枝墨杉，小侧枝下垂。

3. **池杉**：别名池柏。落叶乔木，园艺景观零星栽培。株高可达25米，树冠尖塔形，主干通直，老树干基部膨大，生于浅水湿地会长出膝根。叶线形，幼树2列似羽状复叶，成树螺旋状排列呈长条状，质柔

▲ 落羽杉·落羽松·美国水松（原产北美洲）
Taxodium distichum

▲ 落羽杉小侧枝羽状小叶互生，是辨识重要特征（水杉羽状小叶呈对生）

▲ 落羽杉球果，果鳞微凸，无刺尖突起

▲ 落羽杉·落羽松·美国水松（原产北美洲）
Taxodium distichum

软。雌雄异株或同株，雄花穗状下垂。球果卵圆形，果鳞鳞背先端膨大凸出。

- **用途**：园景树、行道树。落羽杉、池杉水陆两栖，适于庭园陆地、河岸、池边、沼泽或湿地美化。木材可作建筑、器具、家具等用材。
- **生长习性**：阳性植物。性喜温暖至高温、湿润、向阳之地，生长适宜温度13～28℃，日照80%～100%。耐热也耐寒，台湾低海拔生长良好。
- **繁育方法**：播种法。
- **栽培要点**：栽培介质以壤土或沙质壤土为佳。春、夏季生长期施肥2～3次。自然树形美观，尽量不修剪。成树移植之前需断根处理。

▲垂枝墨杉（栽培种）
Taxodium mucronatum 'Pendela'

▲墨西哥落羽杉・墨杉・墨西哥落羽松（原产美国、墨西哥、瓜地拉马）*Taxodium mucronatum*

▲垂枝墨杉球果与墨西哥落羽杉球果特征相同

▲墨西哥落羽杉・小侧枝羽状小叶互生，线形叶2列，排列紧密

▲墨西哥落羽杉球果，果鳞粗糙，并有刺尖突起

杉科 TAXODIACEAE

景观植物大图鉴②

61

▲ 池杉（原产北美洲）
Taxodium distichum var. imbricatum (Taxodium ascendens)

▲ 池杉成树之叶凿形，螺旋状排列成长条状，是辨识重要特征

▲ 池杉雄花

▲ 池杉在冬季落叶之前，全株转橙红色，极为壮观

▲ 池杉球果

▲ 池杉和落羽杉种植在水边或湿地，基部四周会长出膝根（呼吸根）

苏铁科常绿灌木

苏铁类

● **植物分类**：苏铁属（*Cycas*）。

● **产地**：广泛分布于世界热带至亚热带地区。近几年来台湾苏铁类病虫害极为严重，导致大量死亡。

1. **苏铁**：别名凤尾蕉、铁树。园艺景观普遍栽培。株高可达3米，茎干圆柱形，基部常有分歧。叶羽状，丛生于干顶；小叶2列，线形，先端斜展呈"V"字形排列。雌雄异株，花顶生，雄球花圆柱形；雌球花球形或阔卵形。种实倒卵形或卵圆形，红橙色。

2. **台东苏铁**：别名台湾苏铁、台东铁树。台湾特有植物，原生于台东红叶村、东海岸山脉或溪流两岸，野生族群濒临灭绝，园艺景观普遍栽培。株高可达4米，茎干圆柱形，略斜弯。羽状叶长1~2米，丛生于茎顶；小叶2列，线形，水平排列，叶缘不内卷，叶背无茸毛。雌雄异株，花顶生，雄球花圆柱形；雌球花阔卵形。种实压缩状扁椭圆形，熟果红褐色。

3. **光果苏铁**：别名光果凤尾蕉。园艺观赏零星栽培。

▲ 苏铁·凤尾蕉·铁树（原产中国、日本、印度尼西亚）*Cycas revoluta*

▲ 苏铁雌株，雌球花球形或阔卵形，种实卵圆形，红橙色

▲ 苏铁·凤尾蕉·铁树（原产中国、日本、印度尼西亚）*Cycas revoluta*

▲ 苏铁雄株，雄球花圆柱形

▲ 台东苏铁·台东铁树·台湾苏铁（原产中国台湾）
Cycas taitungensis

株高可达3米，茎干圆柱形，常有分歧。羽状叶15～24片，丛生于茎顶，叶柄具短刺；小叶2列，线形。雌雄异株，雌球花松散，大胞子叶戟形，斜弯或下垂，先端两侧边缘有齿状裂片，被黄褐色毛。种实球形，熟果黄橙色，裸露悬垂易见。

4.**德保苏铁**：园艺观赏零星栽培。株高可达2.5米，具地下茎或短圆状地上茎。大型羽状叶4～10片，长可达2.5米，叶柄具短刺；小叶线状披针形，三回分叉，两面中脉隆起；成株叶簇酷似蕨类或竹类植物，观赏价值高。雌雄异株，雄球花长圆柱形；种实卵圆形，熟果黄色。

5.**雀瓦苏铁**：株高可达2.5米，具地下茎或短圆状地上茎，丛生状。大型羽状叶丛生于茎顶，叶柄有短刺；小叶2列，线状披针形，两面中脉隆起；叶簇酷似椰子类植物。雌雄异株，雄球花圆柱形。

6.**卡伦苏铁**：株高可达3米，茎干圆柱形。大型羽状叶15～25片，丛生于干顶，叶柄具短刺；小叶2列，线形。雌雄异株，雄球花长圆柱形。

7.**平缘苏铁**：株高可达2米，茎干圆柱形。羽状叶13～20片，丛生干顶，叶柄有短刺；小叶2列，线状披针形，两面中脉隆起。雌雄异株，雌球花松

▲ 台东苏铁雄株，雄球花圆柱形

▲ 台东苏铁·台东铁树·台湾苏铁（原产中国台湾）
Cycas taitungensis

▲ 台东苏铁雌株，雌球花阔卵形

散，大胞子叶戟形，斜弯或下垂，先端两侧边缘平滑。种子卵圆形，悬垂裸露。

8. **华南苏铁**：别名刺叶苏铁。株高可达3米，茎干圆柱形。大型羽状叶长1~2米，小叶2列，线形，微弯。雌雄异株，雄球花狭卵形；雌球花松散，大胞子叶戟形，斜弯或下垂，先端两侧边缘有刺状牙齿。种实卵圆形，悬垂裸露。

9. **叉叶苏铁**：别名龙口苏铁。园艺观赏零星栽培。株高可达3.5米，茎干圆柱形。大型羽状叶螺旋状排列，长2~3米，生于干顶，叶柄具短刺；小叶叉状分裂，线状披针形；叶簇酷似椰子类植物，观赏价值高。雌雄异株，雄球花圆柱形。

10. **海南苏铁**：别名刺柄苏铁。园艺观赏零星栽培。株高可达2.5米，茎干圆柱形。大型羽状叶18~30片，丛生于干顶，叶柄具短刺；小叶2列，线状披针形，硬革质。雌雄异株，雄球花圆柱形；雌球花阔卵形，绿色。种实近球形。

11. **多歧苏铁**：株高可达3米，具地下茎或短圆地上茎。大型三回羽状复叶，长可达2.5米，叶柄自茎顶抽生，具短刺；小叶倒披针形，2~7枚分叉，叶簇酷似蕨类或棕榈植物，观赏价值高。

▲ 光果苏铁·光果凤尾蕉（原产马达加斯加、哥摩罗岛）*Cycas thoursii*

▲ 德保苏铁（原产中国）
Cycas debaoensis

▲ 光果苏铁雌株，种实球形，裸露悬垂。大胞子叶先端两侧边缘有齿状裂片

▲ 雀瓦苏铁（原产越南）
Cycas chevalieri

- ●**用途**：园景树、盆栽。苏铁种实有毒，不可误食；药用可治胃痛、高血压、咯血、白带、肿毒、皮肤病等。
- ●**生长习性**：阳性植物。性喜高温、湿润、向阳之地，生长适宜温度23～32℃，日照70%～100%（德保苏铁喜好荫蔽，日照50%～70%为佳）。生性强健粗放，生长缓慢，耐热、极耐旱、耐瘠，抗风。
- ●**繁育方法**：播种法为主，亦可采用分株法。
- ●**栽培要点**：栽培介质以沙质壤土为佳。生长缓慢，幼株春季至秋季施肥3～4次。成株每年早春剪除茎顶老叶和枯叶，春、夏季萌发新叶更美观；萌发新叶时，需特别注意防治害虫。苏铁和台东苏铁每年冬季或早春剪除全株叶片，春暖后萌发新叶更美观。

▲ 卡伦苏铁（原产菲律宾）
Cycas curranii

▲ 平缘苏铁（原产中国）
Cycas edentata

▲ 多歧苏铁（原产中国）
Cycas mutltipinnata

▲ 平缘苏铁雌株，种实卵圆形，裸露悬垂。大胞子叶先端两侧边缘平滑

▲ 华南苏铁·刺叶苏铁（原产澳大利亚、马来西亚）*Cycas rumphii*

▲ 叉叶苏铁·龙口苏铁（原产越南南部以及中国广西、云南）*Cycas micholitzii*

▲ 海南苏铁·刺柄苏铁（原产海南岛）
Cycas hainanensis

▲ 海南苏铁雄株，雄球花圆柱形

▲ 海南苏铁雌株，雌球花阔卵形，绿色

泽米铁科常绿灌木

非洲铁·铁蕉类

● **植物分类**：非洲铁（铁蕉属）（*Encephalartos*）。

● **产地**：南非洲热带至亚热带地区。

1. **阿氏非洲铁**：别名美干铁蕉。株高可达2米，茎干圆柱形。叶羽状，丛生于干顶，轮状开展，叶柄基部有短刺；小叶2列，披针形，略斜弯，质硬，叶缘有锯齿状裂片，先端刺尖。雄球花圆柱状椭圆形，雌球花卵形。

2. **刺叶非洲铁**：别名刺叶铁蕉。株高可达1.5米，茎干短，阔卵形。叶羽状，丛生于干顶，叶柄基部有针刺；小叶2列，长方形或倒卵形，质硬；叶缘有角状裂片，裂片扭曲，先端刺尖。雄球花纺锤状椭圆形，雌球花卵形，橙红色。种子椭圆形，肉质种皮红色。

3. **可爱非洲铁**：别名合意铁蕉。株高可达2.5米，茎干圆柱形。叶羽状，丛生于干顶，叶柄基部灰白色，密被褐色毛；小叶2列，披针形，质硬，叶缘疏生锐刺，基部小叶有叉刺状裂片，先端刺尖。雄球花卵形或纺锤形，雌球花阔圆柱形。

4. **劳氏非洲铁**：别名长叶铁蕉。株高可达2.5米，茎干短，阔卵形。叶羽状，长可达2.5米，丛生于干顶，叶

▲ 阿氏非洲铁·美干铁蕉（原产南非好望角）
Encephalartos altensteinii

▲ 刺叶非洲铁·刺叶铁蕉（原产非洲）
Encephalartos ferox

▲ 可爱非洲铁·合意铁蕉（原产非洲尼亚萨兰）
Encephalartos gratus

柄基部密被褐毛；小叶阔线形，长可达20厘米以上，常下垂，质硬；叶缘有疏角状裂片，裂片先端刺尖。

5.**莱本非洲铁**：别名箭羽铁蕉。株高可达2米，茎干圆柱形。叶羽状，丛生于干顶，叶柄基部有锐刺；小叶2列，线状披针形，质硬；叶缘有疏刺状裂片，裂片先端刺尖。雄球花圆柱状椭圆形，雌球花卵形。

6.**莱曼非洲铁**：别名银叶铁蕉。株高可达1米，茎干短，圆形或阔卵形。叶羽状，丛生于干顶，全叶密被银灰色茸毛；小叶2列，线状针形，质硬；叶缘偶有角状裂片，裂片先端刺尖。

●**生长习性、繁育方法、栽培要点**：请参照苏铁类。

▲ 莱本非洲铁·箭羽铁蕉（原产南非洲史瓦济兰）
Encephalartos lebomboensis

▲ 劳氏非洲铁·长叶铁蕉（原产非洲安哥拉）
Encephalartos laurentianus

▲ 莱本非洲铁·箭羽铁蕉（原产南非洲史瓦济兰）
Encephalartos lebomboensis

▲ 莱曼非洲铁·银叶铁蕉（原产南非洲）
Encephalartos lehmannii

泽米铁科常绿灌木

大泽米铁·剑蕉类

●**植物分类**：大泽米铁属（剑蕉属）（*Macrozamia*）。

●**产地**：澳大利亚热带至亚热带地区。

1.**大泽米铁**：别名剑蕉、鬼凤尾蕉。株高可达2米，茎干短圆柱形，形似椰子类植物。叶羽状，长可达180厘米，小叶2列，线形，长可达30厘米。雌球花卵形，粉绿色，状似鬼头。

2.**光亮大泽米铁**：别名亮果剑蕉。株高可达1米，茎干极短。叶羽状，丛生于干顶，向四面开展；小叶2列，线形，质硬；小叶基部灰白色，先端刺尖。雄球花黄绿色，长卵形或纺锤形，小胞子叶倒三角形，先端刺尖。

3.**米氏大泽米铁**：别名羽叶剑蕉。株高可达2米，茎干短圆柱形。叶羽状，丛生于干顶，叶柄基部有短刺；小叶2列，线形，质硬；小叶基部灰白色，先端刺尖。雄球花黄绿色，圆柱形，小胞子叶倒三角形，先端刺尖。

4.**摩瑞大泽米铁**：别名细叶剑蕉。株高可达8米，茎干圆柱形，株形酷似棕榈树。叶羽状，长可达3米，老叶弯垂，浓密富光泽；小叶2列，细线形，质硬，先端刺尖。雄球花圆柱形，黄绿色。种子种皮红色。

●**生长习性、繁育方法、栽培要点**：请参照苏铁类。

▲大泽米铁·剑蕉·鬼凤尾蕉（原产澳大利亚新南威尔士）*Macrozamia communis*

▲光亮大泽米铁·亮果剑蕉（原产澳大利亚昆士兰东南部）*Macrozamia lucida*

▲大泽米铁·剑蕉·鬼凤尾蕉（原产澳大利亚新南威尔士）*Macrozamia communis*

▲光亮大泽米铁·亮果剑蕉（原产澳大利亚昆士兰东南部）*Macrozamia lucida*

▲ 米氏大泽米铁·羽叶剑蕉（原产澳大利亚东部）
Macrozamia miquelii

▲ 米氏大泽米铁·羽叶剑蕉（原产澳大利亚东部）
Macrozamia miquelii

▲ 摩瑞大泽米铁·细叶剑蕉（原产澳大利亚昆士
兰、新南威尔士）*Macrozamia moorei*

▲ 摩瑞大泽米铁·细叶剑蕉（原产澳大利亚昆
士兰、新南威尔士）*Macrozamia moorei*

泽米铁科常绿小灌木

泽米铁·福蕉类

● **植物分类**：泽米铁属（福蕉属）（*Zamia*）。

● **产地**：北美洲东南部、中美洲、南美洲热带至亚热带地区。

1. **菲氏泽米铁**：别名菱叶凤尾蕉。园艺观赏零星栽培。株高可达1.5米，丛生，具短地下茎或地上茎，常有分歧。叶羽状，叶柄有短刺；小叶2列，对生，菱状披针形，先端渐尖，叶缘有疏细刺，近平行脉，质硬。雌球花短圆柱形，具短柄，锈褐色。

2. **鳞秕泽米铁**：别名美叶凤尾蕉、阔叶铁树、福蕉。园艺景观普遍栽培。株高可达1.5米，丛生，具短地下茎或地上茎。叶羽状，叶柄有锐刺；小叶2列，倒卵状椭圆形，先端钝，斜展呈"V"字形排列，叶色黄绿，质硬；近先端有不规则齿状缺刻，叶背密被锈色鳞屑。雄球花长圆柱形，雌球花短圆柱形，具短柄，锈褐色。

3. **全缘叶泽米铁**：别名佛州凤尾蕉。园艺观赏零星栽培。株高可达35厘米，具短地下茎或地上茎，常有分歧。叶羽状，叶柄被毛，无刺；小叶2列，阔线形或披针形，先端有不明显疏齿，平行脉，质硬。雄球花长圆柱形，雌球花短圆柱形，具短柄，暗红褐色。

4. **波多黎各泽米铁**：别名波多黎各凤尾蕉。株高可达50厘米，具短地下茎或地上茎，常有分歧，丛生状。叶羽状，小叶2列，排列疏松，长线形，先端刺尖，质硬。雄球花长圆柱形，雌球花短圆柱形。

● **用途**：园景树、盆栽。

● **生长习性**：阳性植物。性喜高温、湿润、向阳之地，生长适宜温度23～32℃，日照70%～100%。生长缓慢，耐热、极耐旱、耐瘠，抗风。

● **繁育方法、栽培要点**：请参照苏铁类。

▲菲氏泽米铁·菱叶凤尾蕉（原产哥斯达黎加）
Zamia fischeri

▲菲氏泽米铁·菱叶凤尾蕉（原产哥斯达黎加）
Zamia fischeri

▲菲氏泽米铁·菱叶凤尾蕉，小叶2列，对生，菱状披针形，近平行脉，质硬

▲ 鳞秕泽米铁·美叶凤尾蕉·阔叶铁树·福蕉（原产美国佛罗里达、西印度和墨西哥）*Zamia furfuracea*

▲ 鳞秕泽米铁·美叶凤尾蕉·阔叶铁树·福蕉（原产美国佛罗里达、西印度和墨西哥）*Zamia furfuracea*

▲ 全缘叶泽米铁·佛州凤尾蕉（原产美国佛罗里达州）*Zamia integrifolia*

▲ 鳞秕泽米铁·美叶凤尾蕉雄株，雄球花长圆柱形，先端锐尖，锈褐色

▲ 全缘叶泽米铁·佛州凤尾蕉雌株，雌球花短圆柱形，暗红褐色

▲ 波多黎各泽米铁·波多黎各凤尾蕉（原产波多黎各）*Zamia portoricensis*

▲ 刺叶双子铁·大笛翁蕉（原产墨西哥）
Dioon spinulosum

▲ 普氏双子铁·王冠笛翁蕉（原产墨西哥）
Dioon purpusii

泽米铁科常绿灌木

双子铁·笛翁蕉类

● **植物分类**：双子铁属（笛翁蕉属）（*Dioon*）。

● **产地**：墨西哥热带至亚热带地区。

1. **刺叶双子铁**：别名大笛翁蕉。大形铁树，株高可达12米，茎干圆柱形，灰白色。叶羽状，长达2米，丛生于干顶，叶柄基部膨大，无刺；小叶2列，线状披针形，质硬，上部叶缘疏生齿状刺尖；幼株小叶灰蓝色，被毛。雄球花圆柱形，小胞子叶三角形；雌球花卵球形，下垂。种子近球形，淡黄色。

2. **普氏双子铁**：别名王冠笛翁蕉。株高可达2米，茎干圆柱形。叶羽状，长可达1米，丛生于干顶，斜上放射生长，形似皇冠；小叶2列，线状披针形，质硬，生长密集，上部叶缘疏生齿状刺尖。雄球花圆柱形，雌球花卵形。

3. **洪都拉斯双子铁**：别名中美笛翁蕉。株高可达2米，茎干圆柱形。叶羽状，长可达1.5米，丛生于干顶，轮状弯垂生长；小叶2列，线状披针形，质硬，上部叶缘疏生齿状刺尖。雄球花短圆柱形，雌球花卵形。

● **用途**：园景树、盆栽。

● **生长习性**：阳性植物。性喜高温、湿润、向阳之地，生长适宜温度23～32℃，日照70%～100%。生长缓慢，耐热、极耐旱、耐瘠，抗风。

● **繁育方法**：播种或分株法。

● **栽培要点**：栽培介质以沙质壤土为佳。成长缓慢，幼株春季至秋季施肥3～4次。成株每年早春剪除茎顶老叶、枯叶，初夏萌发新叶更美观。

▲ 洪都拉斯双子铁·中美笛翁蕉（原产墨西哥、洪都拉斯）*Dioon mejiae*

泽米铁科常绿灌木

鳞皮泽米铁·东澳鳞木蕉

● **植物分类**：鳞皮泽米铁属、鳞木蕉属（*Lepidozamia*）。
● **产地**：澳大利亚东部亚热带地区。
● **形态特征**：株高1～2米，茎干短不明显或呈圆柱形。大型羽状叶，长可达1.5米，丛生于干顶，向四面弯垂；叶柄略呈三角形，无刺；小叶2列、线形，略斜弯，质硬。雌雄异株，雄花卵形或圆锥形，灰白至灰绿色，小胞子叶倒三角形，先端突尖。种子种皮红色。
● **用途**：园景树、盆栽。
● **生长习性**：阳性植物。性喜高温、湿润、向阳之地，生长适宜温度22～32℃，日照70%～100%。生长缓慢，耐热、极耐旱、耐瘠，抗风。
● **繁殖方法**：播种法。
● **栽培要点**：栽培介质以沙质壤土为佳。生长缓慢，幼株春季至秋季施肥3～4次。成株每年冬季或早春剪除老化叶片或枯叶，春季后萌发新叶更美观；萌发新叶时，需注意防治害虫。

▲ 鳞皮泽米铁·东澳鳞木蕉（原产澳大利亚新南威尔士）*Lepidozamia peroffskyana*

▲ 鳞皮泽米铁·东澳鳞木蕉（原产澳大利亚新南威尔士）*Lepidozamia peroffskyana*

泽米铁科常绿灌木

小苏铁·丽毛苏铁

● **植物分类**：小苏铁属、丽毛苏铁属（*Microcycas*）。
● **产地**：仅分布于古巴西部热带至亚热带地区。
● **形态特征**：株高可达2.5米，茎干圆柱形。大型羽状叶15～22片，丛生于干顶，叶柄略呈三角形，密被灰褐色茸毛；小叶2列、线形或线状披针形，先端钝，略斜弯，下垂呈倒"V"形，灰蓝色，质硬；其叶形特殊，容易辨识。雌雄异株，雄球花圆锥形，种子卵形。
● **用途**：园景树、盆栽。
● **生长习性**：阳性植物。性喜高温、湿润、向阳之地，生长适宜温度23～32℃，日照70%～100%。生长缓慢，耐热、极耐旱、耐瘠，抗风。
● **繁育方法**：播种法。
● **栽培要点**：栽培介质以沙质壤土为佳。生长缓慢，幼株春季至秋季施肥3～4次。成株每年冬季或早春剪除茎顶全部叶片，春末萌发新叶更美观；萌发新叶时，需注意防治害虫。

▲ 小苏铁·丽毛苏铁（原产古巴）
Microcycas calocoma

银杏科落叶大乔木

银杏

▲银杏·公孙树（原产中国、日本、韩国及欧洲、美洲）*Ginkgo biloba*

▲银杏·公孙树（原产中国、日本、韩国及欧洲、美洲）*Ginkgo biloba*

- **别名**：公孙树。
- **植物分类**：银杏属（*Ginkgo*）。
- **产地**：中国华中至华北及日本、韩国和欧洲、美洲等暖带至温带地区。银杏原生于1.25亿年前古生代石炭纪至侏罗纪恐龙时代，为第4纪冰期后之孑遗植物，堪称植物的活化石。园艺景观普遍栽培。
- **形态特征**：株高可达40米，树冠圆锥形至阔卵形，树皮灰褐至黑灰色。叶互生或簇生，扇形，上缘有波状缺刻，也有深凹呈2裂状，秋、冬季落叶前转金黄色。雌雄异株，雄花荑荑花序，淡黄色；雌花淡绿色。种实核果状，椭圆形或近球形，成熟黄色至橙黄色，被白粉，外种皮有臭味，中种皮白色。园艺栽培变种有斑叶银杏、垂枝银杏、塔枝银杏等。
- **花、果期**：春季开花，秋季种实成熟。
- **用途**：园景树、行道树。外种皮和绿色的胚有毒，不可生食。药用可镇咳、预防老人阿尔茨海默症。木材纹理细致，可供雕刻或制工艺品。
- **生长习性**：阳性植物。性喜冷凉、湿润至干燥、向阳之地，生长适宜温度12～22℃，日照70％～100％。生长缓慢，寿命长达数百年，耐寒不耐热、耐旱，高冷地或中海拔山区栽培为佳，平地夏季高温生长不良。
- **繁育方法**：播种法。
- **栽培要点**：栽培介质以沙质壤土为佳。春、夏季生长期每1～2个月施肥1次。梅雨季注意栽培地点排水力求良好。成树移植前需断根处理。

▲银杏种实核果状，成熟的外种皮黄色，肉质，具臭味

▲银杏在高冷地秋冬落叶之前，叶片转金黄色，极为殊雅

被子植物类

▲ 天蛾花・橙红鲁特亚木（原产非洲热带地区）
Ruttya fruticosa

▲ 紫白槭・樟叶槭・飞蛾子树・樟叶枫（原产中国台湾）*Acer albopurpurascens*

▲ 三角槭・三角枫（原产中国）
Acer buergerianum

爵床科常绿灌木

天蛾花

- **别名**：橙红鲁特亚木。
- **植物分类**：天蛾花属（*Ruttya*）。
- **产地**：非洲热带至亚热带地区。园艺观赏零星栽培。
- **形态特征**：株高可达2米。叶对生，椭圆形或倒卵形，先端锐或渐尖，全缘，纸质。花顶出或腋生，花冠2唇状，花瓣红至橙红色，花姿奇特，花期持久。园艺栽培变种有黄天蛾花，花色亮丽耀眼。
- **花期**：春、夏季开花。
- **用途**：园景美化、绿篱。
- **生长习性**：阳性植物。性喜高温、湿润、向阳之地，生长适宜温度23～32℃，日照70%～100%。生性强健，耐热、耐旱，冬季需温暖避风越冬。
- **繁育方法**：扦插法，春季为适期。
- **栽培要点**：栽培介质以腐殖土或沙质壤土为佳。春、夏季生长期每月施肥1次。春季或花后修剪整枝，绿篱随时作必要修剪，促使枝叶生长茂密，植株老化施以重剪或强剪。

槭树科常绿或落叶灌木、乔木

槭树类

- **植物分类**：槭树属（*Acer*）。
- **产地**：广泛分布于北半球暖带至温带地区。
1. **紫白槭**：别名樟叶槭、樟叶枫、飞蛾子树。常绿或半落叶乔木，台湾特有植物，原生于海拔700～2 200米冷凉山区，园艺景观零星栽培。株高可达25米。叶对生，长椭圆形或椭圆状披针形，先端尾状锐尖，全缘，革质，叶背粉白色。圆锥花序，顶生，小花黄白色。翅果2枚近直角对生。成熟的翅果常乘风飞舞，四处飘落，故称"飞蛾子树"。
2. **三角槭**：别名三角枫。落叶乔木，园艺景观普遍栽培。株高可达15米。叶对生，卵形3裂，三出脉，全缘或波状缘，薄革质。伞房花序，顶生，小花白色。翅果2枚锐角或近直角对生。
3. **台湾三角槭**：别名台湾三角枫。落叶灌木或乔木，三角槭的变种，台湾特有植物，原生于北部中、低海拔山区或滨海地区，野生族群濒临灭绝，园艺

▲ 台湾三角槭（原产中国台湾）
Acer buergerianum var. *formosanum*

▲ 日本槭'绿花边'（栽培种）
Acer japonicum 'Green Cascade'

▲ 日本槭'衣笠山'（栽培种）
Acer japonicum 'Kinugasayama'

景观零星栽培。叶形变化很大，有卵形或椭圆形3裂，偶不裂，裂片先端短而钝尖，三出脉，全缘或波状缘，纸质至革质。伞房花序，顶生，小花黄白色。翅果2枚近直角对生。

4.**日本槭**：落叶乔木。株高可达8米。叶对生，掌状浅裂，9～11裂，裂片卵形，先端锐，重锯齿缘，纸质，叶面有柔毛。伞房花序，顶生，小花暗紫红色。翅果2枚斜开或近直角对生。园艺栽培种有舞孔雀、衣笠山、绿花边，园艺观赏零星栽培。

5.**台湾红榨槭**：落叶乔木，台湾特有植物，原生于中央山脉海拔1 800～2 500米冷凉山区，高冷地园艺景观零星栽培。株高可达6米。叶对生，卵状心形，近似5浅裂，先端尾状渐尖，不规则粗锯齿缘或重锯齿缘，薄革质，叶柄暗红色有纵沟；秋季落叶前叶转红色至橙红色，艳丽夺目。总状花序，顶生，小花黄白色。翅果2枚近直角对生。

6.**彩桠槭**：落叶乔木，园艺观赏零星栽培。株高可达5米。三出复叶，小叶长卵形或3浅裂，先端锐尖，粗锯齿缘；叶缘有乳白、乳黄或粉红彩斑，叶柄红色，叶色缤纷悦目。

7.**掌叶槭**：别名鸡爪槭。落叶乔木，园艺景观零星栽培。株高可达15米以上，树皮淡灰褐色。叶对生，掌状7～11深裂，裂片先端披针形，锯齿缘。复伞房花序，顶生，下垂，小花暗红色。翅果2枚近平行对生，暗红色。园艺栽培种极多，如出猩猩、红枝垂、旭鹤、纹锦、紫叶槭、置霜、山槭等均是槭树类要角，春季萌发新叶，叶色变化多端，五彩缤纷，颇受喜爱，目前是槭树类盆栽之主要树种。

8.**牡丹槭**：别名挪威槭。落叶乔木，高冷地园艺观赏零星栽培。株高可达25米，树皮灰色。叶丛生枝

▲ 台湾红榨槭（原产中国台湾）
Acer morrisonense

▲ 台湾红榨槭（原产中国台湾）
Acer morrisonense

▲彩桥槭（栽培种）
Acer negundo 'Versicolor'

▲掌叶槭'青枝垂'（栽培种）
Acer palmatum var. *matsumurae* 'Aoshidare'

▲掌叶槭'出猩猩'（栽培种）
Acer palmatum 'Shyjo'

▲掌叶槭'红枝垂'（栽培种）
Acer palmatum var. *matsumurae* 'Ornatum'

▲掌叶槭'野村'（栽培种）
Acer palmatum var. *amoenum* 'Sanguineum'

端，掌状5浅裂，裂片边缘不规则齿裂状，先端长尖，秋季落叶前转黄至红色。花序下垂，黄绿色。翅果2枚近直角对生。园艺栽培种有锦叶牡丹槭，叶缘镶嵌乳黄或乳白色。

9.红花槭：落叶乔木，园艺观赏零星栽培。株高可达30米，树皮暗灰色，幼枝暗红色。叶对生，掌状3～5中裂，裂片先端渐尖，叶缘具不规则齿裂或缺刻，叶背蓝白色。秋季落叶前叶转黄至红色，叶色红艳美观。雌雄异株，花序下垂，暗红色。翅果具红色翅。

10.糖槭：落叶乔木，园艺观赏零星栽培。株高可达30米，树皮灰褐色。叶对生，掌状5浅裂，裂片先端渐尖或钝头，最大的3裂片具不规则齿裂或缺刻，叶背中脉有毛。秋季落叶前转黄色至橙红色，叶色璀璨亮丽脱俗。花序下垂，黄绿色。翅果2枚平行对生。本种树液可提炼枫糖而闻名世界。

11.青槭：别名青枫。落叶乔木，台湾特有植物，原生于中、低海拔300～2 500米冷凉山区，园艺景观普遍栽培。株高可达20米，幼枝绿色平滑。叶对生，掌状5裂，裂片三角状披针形，先端尾尖，叶基心形，不规则锯齿缘，纸质。聚伞花序，顶生，淡黄绿色。翅果2枚对生。园艺栽培种有黄金槭，树皮黄绿或金黄色。

●用途：园景树、行道树、盆景。冬季落叶前叶色转黄、红或橙红，为世界著名之红叶植物。

●生长习性：阳性植物。性喜冷凉至温暖、湿润、向阳之地，生长适宜温度12～28℃，日照70%～100%。青枫、台湾三角槭、掌叶槭类等耐寒也耐高温，北部生长良好，中、南部平地生长迟

▲掌叶槭'桂'（栽培种）
Acer palmatum 'Katsura'

▲掌叶槭'红欢'（栽培种）
Acer palmatum 'Burgundy Lace'

▲掌叶槭'旭鹤'（栽培种）
Acer palmatum 'Asahizuru'

▲掌叶槭'纹锦'（栽培种）
Acer palmatum 'Rosea-Variegata'

▲掌叶槭'紫叶槭'（栽培种）
Acer palmatum 'Atropurpureum'

▲掌叶槭'扇锦'（栽培种）
Acer palmatum 'Senkaki'

▲掌叶槭'置霜'（栽培种）
Acer palmatum 'Ukushimo'

▲牡丹槭'锦叶牡丹槭'（栽培种）
Acer platanoides 'Drummondii'

▲红花槭（原产北美洲）
Acer rubrum

缓；其他槭树类耐寒不耐热，中、高海拔或高冷地栽培为佳，平地夏季高温生长不良或越夏困难。

●**繁育方法**：播种、高压、嫁接法。

●**栽培要点**：栽培介质以壤土或沙质壤土为佳。幼树春、夏季生育期施肥2~3次。早春萌芽之前移植最佳，冬季落叶后修剪整枝。成树移植之前需断根处理。

▲糖槭（原产北美洲）
Acer saccharinum

▲黄金槭（栽培种）
Acer serrulatum 'Goldstemmed'

▲青槭·青枫（原产中国台湾）
Acer serrulatum

▲青槭冬季落叶前，叶片转黄色、红色，为世界著名之红叶植物

▲青槭·青枫（原产中国台湾）
Acer serrulatum

漆树科常绿小乔木

腰果

- **别名**：介寿果。
- **植物分类**：腰果属（*Anacardium*）。
- **产地**：中美洲热带地区。园艺观赏零星栽培。
- **形态特征**：热带果树，株高可达8米。叶互生，螺旋状排列，倒卵形或倒卵状椭圆形，先端圆或微凹，全缘，革质。春季开花，伞房花序，顶生，初白转红，具香气。花托肉质，坚果肾形，熟果红褐色。
- **用途**：园景树。种仁为世界著名干果"腰果"，可食用，香脆可口；花托可酿酒、制果酱；树液可制强力胶。果汁可制不褪色墨汁。
- **生长习性**：阳性植物。性喜高温、湿润、向阳之地，生长适宜温度23~32℃，日照70%~100%。耐热不耐寒，南部较适合栽培。
- **繁育方法**：播种法，春、夏季为适期。
- **栽培要点**：栽培介质以沙质壤土为佳。春、夏季生育期施肥3~4次。果后或春季修剪整枝。

▲腰果·介寿果（原产美洲热带地区）
Anacardium occidentale

漆树科落叶小乔木

太平洋榅桲

- **别名**：莎梨、金酸枣。
- **植物分类**：榅桲属（*Spondias*）。
- **产地**：太平洋群岛热带地区。园艺观赏零星栽培。
- **形态特征**：热带果树，株高可达3米，幼枝绿色，枝叶嫩脆，揉碎有橄榄味道。奇数羽状复叶，小叶近对生，椭圆状披针形，先端渐尖，钝锯齿缘，革质。圆锥花序，顶生，小花黄至淡黄色。核果椭圆形，熟果黄橙色，形似大型橄榄。
- **花期**：春、夏季开花。
- **用途**：园景树、大型盆栽。果实肉质坚硬，具橄榄酸味，可生食、煮食或制果酱，风味特殊。
- **生长习性**：阳性植物。性喜高温、湿润、向阳之地，生长适宜温度23~32℃，日照70%~100%。
- **繁育方法**：播种、扦插、高压法，春、夏季为适期。
- **栽培要点**：栽培介质以沙质壤土为佳。春、夏季生长期施肥3~4次。果后或早春修剪整枝。

▲太平洋榅桲·莎梨·金酸枣（原产太平洋群岛）
Spondias cytherea (*Spondias dulcis*)

漆树科 ANACARDIACEAE

景观植物大图鉴②

83

漆树科 ANACARDIACEAE

▲ 大叶肉托果 · 台东漆 · 大果漆（原产菲律宾和中国台湾）*Semecarpus gigantifolia*

漆树科常绿小乔木

肉托果类

- ●**植物分类**：肉托果属（*Semecarpus*）。
- ●**产地**：菲律宾热带地区。
1. **大叶肉托果**：别名台东漆、大果漆。常绿大乔木，原生于台湾东部海岸、恒春半岛、兰屿、绿岛，园艺景观普遍栽培。株高可达20米。叶互生或聚生枝端，椭圆状披针形，先端锐尖，全缘，革质。圆锥花序，顶生，小花白色。核果扁卵形，果托膨大肉质状，熟果红色至黑紫色。
2. **钝叶肉托果**：别名钝叶大果漆。常绿小乔木，台湾原生于兰屿，园艺景观零星栽培。株高可达5米。叶互生，长椭圆形，先端钝或圆，全缘，革质。圆锥花序，顶生，小花淡黄色。核果近卵形，果托膨大肉质状，熟果橙红色。
- ●**用途**：园景树、行道树。白色树汁及果实有毒，不可误食；皮肤过敏者接触后容易引起红肿发痒。大叶肉托果木材可制器具，树液可制天然漆。
- ●**生长习性**：阳性植物。性喜高温、湿润、向阳之地，生长适宜温度22～30℃，日照70%～100%。耐热、耐旱、耐盐、耐风、抗病虫害。
- ●**繁育方法**：播种法，春季为适期。
- ●**栽培要点**：栽培介质沙质壤土为佳。春、夏季生长期施肥2～3次。春季修剪整枝，树汁不可接触皮肤。成树移植之前需断根处理。

▲ 钝叶肉托果 · 钝叶大果漆（原产菲律宾和中国台湾）*Semecarpus cuneiformis*

▲ 钝叶肉托果 · 钝叶大果漆（原产菲律宾和中国台湾）*Semecarpus cuneiformis*

漆树科常绿乔木

杜果

- **别名**：檬果、樣仔。
- **植物分类**：檬果属（*Mangifera*）。
- **产地**：亚洲热带地区。园艺景观、果树普遍栽培。
- **形态特征**：热带果树，株高可达25米。叶互生，长椭圆状披针形，先端渐尖，全缘，革质，新叶暗紫褐色。聚伞状圆锥花序，顶生，黄褐至红褐色。果实肾形、卵形或镰刀形，熟果红色、黄色、黄绿色。
- **花期**：冬季至春季开花。
- **用途**：园景树、行道树。果实酸甜可口，风味佳，可生食、制果干、果汁。
- **生长习性**：阳性植物。性喜高温、湿润、向阳之地，生长适宜温度22～32℃，日照70%～100%。生性强健粗放，生长快速、耐热、耐旱，南部盛产。
- **繁育方法**：播种或嫁接法。
- **栽培要点**：栽培介质以沙质壤土为佳。春季至秋季施肥2～3次。果后局部修剪整枝。

▲ 杜果·檬果（原产马来西亚、印度、缅甸）
Mangifera indica

漆树科常绿灌木或小乔木

肖乳香·巴西乳香

- **别名**：巴西乳香、巴西胡椒木。
- **植物分类**：肖乳香属（*Schinus*）。
- **产地**：南美洲巴西热带地区。园艺景观零星栽培。
- **形态特征**：株高可达5米，枝叶含特殊香气。叶互生，奇数羽状复叶，小叶3～6对，椭圆形或狭倒卵形，先端钝或尖，不规则钝锯齿缘，薄革质。圆锥花序，小花白至淡黄色。果实球形，熟果红色。
- **花期**：夏、秋季开花。
- **用途**：园景树、行道树、观果树。
- **生长习性**：阳性植物。性喜高温、湿润、向阳之地，生长适宜温度22～30℃，日照70%～100%。生性强健，耐热、耐旱、耐瘠。
- **繁育方法**：播种、扦插或高压法，春、夏季为适期。
- **栽培要点**：栽培介质以壤土或沙质壤土为佳。春、夏季每1～2个月施肥1次。春季修剪整枝，成树移植前需断根处理。

▲ 肖乳香·巴西乳香·巴西胡椒木（原产巴西）
Schinus terebinthifolius

▲ 肖乳香·巴西乳香·巴西胡椒木（原产巴西）
Schinus terebinthifolius

▲ 黄连木·烂心木·楷木（原产中国、菲律宾）
Pistacia chinensis

▲ 黄连木·烂心木·楷木（原产中国、菲律宾）
Pistacia chinensis

▲ 厚皮树（原产中国）
Lannea coromandelica

漆树科落叶或半落叶乔木

黄连木

- ●**别名**：烂心木、楷木。
- ●**植物分类**：黄连木属（*Pistacia*）。
- ●**产地**：亚洲热带地区。园艺景观普遍栽培。
- ●**形态特征**：株高可达20米。奇数羽状复叶，小叶披针形或卵状披针形，基歪，先端渐尖，全缘，幼叶铜红色。雌雄异株，雄花总状花序，雌花圆锥花序，腋生，淡红色。核果球形，暗红色至紫蓝色。
- ●**花期**：春末至夏季开花。
- ●**用途**：园景树、行道树、海岸防风树、盆景。红色嫩叶可腌食或制黄连茶。种子可榨油，木材可制家具。
- ●**生长习性**：阳性植物。性喜温暖至高温、湿润、向阳之地，生长适宜温度18～30℃，日照80%～100%。生性强健粗放，耐热、耐旱、耐瘠、抗风、抗污染。
- ●**繁育方法**：播种法，春季至秋季为适期。
- ●**栽培要点**：栽培介质以壤土或沙质壤土为佳。幼树春、夏季施肥2～3次。冬季落叶后修剪整枝，成树移植之前需断根处理。

漆树科落叶乔木

厚皮树

- ●**植物分类**：厚皮树属（*Lannea*）。
- ●**产地**：中国西南部及印度和中南半岛热带地区。园艺观赏零星栽培。
- ●**形态特征**：株高可达8米，树皮粗厚，幼枝质软而脆。奇数羽状复叶，小叶长卵形或卵状披针形，先端尾尖或尾状钝头，全缘，纸质，幼叶淡红褐色。春季开花，小花覆瓦状排列。核果肾形。
- ●**用途**：园景树。树皮含纤维及红色素，供制作染料。种子可榨油供工业用途。
- ●**生长习性**：阳性植物。性喜高温、湿润、向阳之地，生长适宜温度23～32℃，日照70%～100%。耐热、耐旱、耐瘠，不耐风。
- ●**繁育方法**：播种法，春、夏季为适期。
- ●**栽培要点**：栽培介质以壤土或沙质壤土为佳。春、夏季生育期施肥2～3次。冬季落叶后修剪整枝。成树移植前需断根处理。

番荔枝科常绿或半落叶小乔木

番荔枝类

- ●**植物分类**：番荔枝属（*Annona*）。
- ●**产地**：中美洲、南美洲热带地区。

1. **番荔枝**：别名释迦、佛头果。热带果树，半落叶小乔木，株高可达5米。叶互生，长椭圆形或披针形，先端尖，全缘。花腋生或生于枝端，花瓣外轮3枚，镊合状，黄绿色，下垂。聚合果球形或圆锥形，果皮有石细胞坚疣鳞目突起。果肉浆质，白色。种子多数，黑色，长锥形。

2. **凤梨番荔枝**：别名凤梨释迦。热带果树，半落叶灌木，番荔枝与冷子番荔枝的杂交种。台湾中、南、东部盛产，为台湾新兴经济果树。株高可达3米。叶互生，椭圆形，先端尖，全缘，纸质。花腋生，花瓣外轮3枚，镊合状，黄绿色，下垂性。聚合果有卵形或椭圆形，果皮有粒状突起。果肉细纤维质，白色，甜蜜多汁，微酸，具有凤梨香气。种子多数，黑色，长锥形。

3. **圆滑番荔枝**：热带果树，常绿大灌木或小乔木，园艺观赏零星栽培。株高可达10米。叶互生，椭圆形或卵形，先端短尖，全缘，革质。春季开花，腋生，花冠黄色，肉质，花瓣基部有红斑。聚合果卵形，果皮近平滑，熟果黄绿色。

4. **刺果番荔枝**：热带果树，常绿或半落叶小乔木，园艺观赏零星栽培。株高可达6米。叶互生，倒卵形或椭圆形，先端突尖，全缘，革质。夏秋开花，腋生，花瓣肉质，黄绿色。聚合果圆锥形或长卵形，表面密布刺状突起，熟果味道芳香。

▲番荔枝·释迦·佛头果（原产美洲热带地区）
Annona squamosa

▲凤梨番荔枝·凤梨释迦（杂交种）
Annona × atemoya

▲圆滑番荔枝（原产美洲热带地区及西印度）
Annona glabra

▲刺果番荔枝（原产美洲热带地区）
Annona muricata

▲圆滑番荔枝（原产美洲热带地区及西印度）
Annona glabra

▲ 山刺番荔枝（原产西印度）
Annona motana

▲ 牛心番荔枝・牛心梨（原产美洲热带地区）
Annona reticulata

▲ 霹雳果・罗林果・罗比番荔枝（原产美洲热带地区）
Rollinia mucosa（*Rollinia orthopetala*）

5. 山刺番荔枝：热带果树，常绿小乔木，园艺观赏普遍栽培。株高可达6米。叶长椭圆形或倒卵状长椭圆形，先端突尖，全缘，革质。夏秋开花，腋生，花瓣肉质，黄色。聚合果球形或扁球形，表面密布刺状突尖，熟果黄色，味道芬芳。

6. 牛心番荔枝：别名牛心梨。热带果树，常绿或落叶小乔木，园艺观赏零星栽培。株高可达6米。叶互生，披针形或长椭圆状披针形，先端突尖，全缘，纸质。春、夏季开花，腋生，小花下垂，三角状排列。聚合果心形或卵圆形，果皮有凹面，熟果红褐色，酸甜适中，可食用。

● 用途：园景树。果实可生食、制果汁、果酱、酿酒、制冰淇淋等。番荔枝药用可治疗癣、急性痢疾。

● 生长习性：阳性植物。性喜高温、干燥、向阳之地，生长适宜温度22～32℃，日照80%～100%。生性强健粗放，生长快速，耐热、耐旱、耐瘠。

● 繁育方法：播种或嫁接法，春季为适期。

● 栽培要点：栽培介质以沙质壤土或砾质壤土为佳。冬季施用有机肥料及磷、钾肥，可促进开花结果。果后或早春修剪整枝。

番荔枝科半落叶大灌木或小乔木

霹雳果

● 别名：罗林果、罗比番荔枝。

● 植物分类：罗林果属（*Rollinia*）。

● 产地：美洲热带地区，园艺观赏零星栽培。

● 形态特征：热带果树，株高可达3米。叶互生，椭圆形，先端尖，全缘，纸质；叶片极大，长可达20厘米，叶脉明显。花腋生，花瓣短镊状，黄绿色，下垂。聚合果卵圆形，果皮有软刺状粗大突起，果肉白色。果实不具后熟作用，需在树上完全软熟才能采收。

● 花期：春季开花。

● 用途：园景树。果实多汁淡甜，可生食、制果汁。

● 生长习性：阳性植物。性喜高温、湿润、向阳之地，生长适宜温度22～32℃，日照70%～100%。

● 繁育方法：播种法，春、夏季为适期。

● 栽培要点：栽培介质以沙质壤土为佳。春、夏季生长期每1～2个月施肥1次，成树多施磷、钾肥可促进开花结果。果后修剪整枝。

番荔枝科常绿大乔木
长叶暗罗

- **植物分类**：暗罗属（*Polyalthia*）。
- **产地**：亚洲西南部热带地区。园艺景观零星栽培。
- **形态特征**：株高可达18米以上。叶互生，下垂状，狭披针形，先端尾尖，波状缘，革质；叶面油亮，四季青翠，树姿飒爽。花腋生，花冠星形，淡黄绿色。浆果卵形。园艺栽培种有垂枝暗罗，又名印度塔树，常绿小乔木，主干高耸笔直，侧枝下垂，树冠呈尖锥形或尖塔形，风格独特。
- **用途**：园景树、行道树。
- **生长习性**：阳性植物。性喜高温、湿润、向阳之地，生长适宜温度22～32℃，日照80%～100%。耐热不耐寒、耐旱，中、南部生育良好。
- **繁育方法**：播种法，春季为适期。
- **栽培要点**：栽培介质以壤土或沙质壤土为佳。幼树春、夏季每1～2个月施肥1次。垂枝暗罗自然树形美观，不宜强剪或过度修剪；成树不耐移植，移植之前需断根处理。

▲长叶暗罗（原产印度、巴基斯坦、斯里兰卡）
Polyalthia longifolia

▲垂枝暗罗·印度塔树（栽培种）
Polyalthia longifolia 'Pendula'

▲垂枝暗罗·印度塔树（栽培种）
Polyalthia longifolia 'Pendula'

▲垂枝暗罗·印度塔树（栽培种）
Polyalthia longifolia 'Pendula'

夹竹桃科常绿乔木

糖胶树

- ●**别名**：黑板树。
- ●**植物分类**：鸡骨常山属（*Alstonia*）。
- ●**产地**：亚洲东南部、西南部热带地区。园艺景观普遍栽培。
- ●**形态特征**：株高可达15米以上，侧枝呈水平状开展，枝叶具白色乳汁。叶轮生，倒披针形，先端钝或短尖，全缘，革质。秋末冬初开花，聚伞花序，小花绿白色，具特殊味道。荚果长条形，成串。园艺栽培种有白糖胶树又叫"白板树"，叶色较黄绿，顶梢新叶乳黄至乳白色。
- ●**用途**：园景树、行道树。药用可治胃痛、疟疾、慢性支气管炎和跌打伤等。
- ●**生长习性**：阳性植物。性喜高温、湿润、向阳之地，生长适宜温度23～30℃，日照70%～100%。生性强健，生长快速，耐热、耐旱、耐瘠。
- ●**繁育方法**：播种法，春、夏季为适期。
- ●**栽培要点**：栽培介质不拘，但以沙质壤土为佳。幼株春、夏季每2～3个月施肥1次。枝干质脆，栽培地点避免强风吹袭折枝。成树移植前需断根处理。

▲ 糖胶树·黑板树（原产印度、马来西亚、菲律宾、爪哇）*Alstonia scholaris*

▲ 糖胶树·黑板树（原产印度、马来西亚、菲律宾、爪哇）*Alstonia scholaris*

▲ 糖胶树·黑板树（原产印度、马来西亚、菲律宾、爪哇）*Alstonia scholaris*

▲ 白糖胶树·白板树（栽培种）
Alstonia scholaris 'Alba'

夹竹桃科常绿小乔木

海杧果类

- ●**植物分类**：海杧果属（*Cerbera*）。
- ●**产地**：澳大利亚、亚洲热带至亚热带地区。
- 1.**海杧果**：别名海檨仔。园艺景观普遍栽培。株高可达8米，全株有白色乳液。叶簇生枝端，倒卵状披针形，先端突尖，全缘，革质。聚伞花序顶生，花冠白色，裂片5枚，中心淡红。核果卵形，果端有突尖，熟果暗红色，内果皮纤维质，能漂浮海面传布海岸。
- 2.**白花海杧果**：园艺观赏零星栽培。株高可达8米，全株有白色乳液。叶簇生枝端，倒卵状披针形，先端渐尖或短渐尖，全缘，革质。聚伞花序顶生，花冠白色，裂片5枚。核果卵形，果端钝圆。
- ●**花期**：夏、秋季开花。
- ●**用途**：园景树、行道树。木材可制家具。白色乳液和果实有剧毒，不可误食；药用可制成外用膏药。
- ●**生长习性**：阳性植物。性喜高温、湿润、向阳之地，生长适宜温度22～32℃，日照70%～100%。生性强健，生长快速，耐热、耐旱、耐盐、抗风、抗虫害。
- ●**繁育方法**：播种、扦插法，春季至秋季为适期。
- ●**栽培要点**：栽培介质以壤土或沙质壤土为佳。春、夏季施肥2～3次。春季修剪整枝，修剪时避免白色乳液接触皮肤。成树移植前需断根处理。

▲ 海杧果·海檨仔（原产澳大利亚、中国和东南亚）*Cerbera manghas*

▲ 海杧果·海檨仔（原产澳大利亚、中国和东南亚）*Cerbera manghas*

▲ 白花海杧果（原产亚洲热带地区）
Cerbera odollam

▲ 白花海杧果（原产亚洲热带地区）
Cerbera odollam

▲ 美丽狗牙花（原产亚洲热带地区）
Tabernaemontana elegans

▲ 美丽狗牙花（原产亚洲热带地区）
Tabernaemontana elegans

▲ 倒吊笔（原产中国和东南亚）
Wrightia pubescens

夹竹桃科常绿小乔木

美丽狗牙花

- ●**植物分类**：狗牙花属（马蹄花属）（*Tabernaemontana*）。
- ●**产地**：亚洲南部热带地区。园艺观赏零星栽培。
- ●**形态特征**：株高可达5米。叶对生，长椭圆形，先端渐尖或短突尖，全缘，革质，叶背灰绿色。蓇葖果歪阔卵形，2枚对生，具棱脊，果表有疣状粗大腺孔突起，形似蟾蜍，颇为异雅；熟果开裂，假种皮橙红色。
- ●**花、果期**：冬季至春季开花、结果。
- ●**用途**：园景树。
- ●**生长习性**：阳性植物。性喜高温、湿润、向阳之地，生长适宜温度23～30℃，日照70%～100%。生性强健，耐热、耐旱、稍耐阴。
- ●**繁育方法**：播种法，春、夏季为适期。
- ●**栽培要点**：栽培介质以沙质壤土为佳。幼株春、夏季每1～2个月施肥1次。枝干质脆，栽培地点避免强风吹袭而折枝。

夹竹桃科常绿乔木

倒吊笔

- ●**植物分类**：倒吊笔属、蓝靛木属（*Wrightia*）。
- ●**产地**：澳大利亚及亚洲和中国南部，热带至亚热带地区。园艺观赏零星栽培。
- ●**形态特征**：株高可达15米，枝叶有白色乳液。叶对生，卵形、椭圆形至卵状披针形，先端渐尖或短突尖，全缘，纸质，叶背密生柔毛。聚伞花序，顶生，花冠漏斗状，裂片5枚，淡黄色。蓇葖果线状披针形，2枚对生。
- ●**花、果期**：春、夏季开花，结果。
- ●**用途**：园景树。木材结构密致，可制工艺品、印章和高级家具，用作雕刻等。药用可治风湿关节炎。
- ●**生长习性**：阳性植物。性喜高温、湿润、向阳之地，生长适宜温度23～30℃，日照70%～100%。
- ●**繁育方法**：播种、扦插法，春、夏季为适期。
- ●**栽培要点**：栽培介质以沙质壤土为佳。春、夏季每1～2个月施肥1次。春季修剪整枝。成树移植之前需断根处理。

冬青科常绿乔木

冬青类

●**植物分类**：冬青属（*Ilex*）。

●**产地**：亚洲东北部热带至温带地区。

1.**枸骨**：园艺观赏零星栽培。常绿小乔木，株高可达3米，叶互生，四方状长椭圆形，边缘具阔三角形刺状硬齿，老树转为全缘，厚革质。花簇生叶腋，白或黄色。核果球形，熟果红色。园艺栽培种有枸骨冬青，叶片椭圆形，先端和叶缘有浅裂状刺齿。（请见第1辑45页）

2.**倒卵叶冬青**：别名金平氏冬青、常绿冬青。常绿小乔木。园艺景观普遍栽培。株高可达5米，小枝有棱。叶互生，倒卵形或椭圆形，先端钝圆，疏钝锯齿缘，软革质。伞形花序，花冠白色。核果球形，熟果红褐至黑褐色。

3.**铁冬青**：常绿中乔木。园艺景观普遍栽培。株高可达18米，小枝光滑，红褐色。叶互生，倒卵形或长椭圆形，先端锐，全缘，革质。伞房花序，花冠白色。核果球形或椭圆形，熟果红色。

●**用途**：园景树、行道树、绿篱。

●**生长习性**：阳性植物。性喜温暖至高温、湿润、向阳之地，生长适宜温度18～30℃，日照70%～100%。生性强健，四季翠绿，耐寒、耐热、耐旱、耐阴。

●**繁育方法**：播种、扦插或高压法，春、秋季为适期。

●**栽培要点**：栽培介质以腐殖土或沙质壤土为佳。春季至秋季生长期施肥3～4次。春季修剪整枝，绿篱栽培要即时修剪整形，植株老化施以强剪或重剪。成树移植前需断根处理。

▲ 枸骨（原产中国）
Ilex corunta

▲ 倒卵叶冬青・金平氏冬青（原产中国）
Ilex triflora var. *kanehirai*

▲ 铁冬青（原产中南半岛以及中国、日本、韩国）
Ilex rotunda

▲ 铁冬青（原产中南半岛以及中国、日本、韩国）
Ilex rotunda

冬青科 AQUIFOLIACEAE

景观植物大图鉴②

93

▲ 澳洲鸭脚木·澳洲鹅掌柴·伞树（原产澳大利亚、新几内亚）
Schefflera actinophylla (*Brassaia actinophylla*)

▲ 斑叶澳洲鸭脚木（栽培种）
Schefflera actinophylla 'Variegata'

▲ 刺五加（原产中国、韩国、日本、俄罗斯）
Eleutherococcus senticosus (*Acanthopanax senticosus*)

五加科常绿乔木

澳洲鸭脚木

- **别名**：澳洲鹅掌柴、伞树。
- **植物分类**：鹅掌柴属（*Schefflera*）。
- **产地**：澳大利亚、新几内亚热带至亚热带地区。园艺景观普遍栽培。
- **形态特征**：株高可达12米，干通直。掌状复叶，小叶5～16片，长椭圆形，先端突尖，全缘或疏锯齿缘，革质。头状花序圆锥状排列，顶生，小花暗红色。核果球形，熟果黑紫色。园艺栽培种有斑叶澳洲鸭脚木，叶面有黄色或乳黄色斑纹。
- **用途**：园景树、行道树和盆栽。
- **生长习性**：中性植物。性喜高温、湿润、向阳至荫蔽之地，生长适宜温度20～30℃，日照50%～100%。生性强健，生长快速，耐热、耐旱、耐阴。
- **繁育方法**：播种、扦插法。播种为主，春季为适期。
- **栽培要点**：栽培介质以腐殖土或沙质壤土为佳。春、夏季生长期施肥2～3次。土壤保持湿润，生长迅速。移植苗木需修剪枝顶端部分叶片。

五加科落叶灌木

刺五加

- **植物分类**：五加属（*Acanthopanax*）。
- **产地**：亚洲东北部温带至暖带地区。
- **形态特征**：株高可达2.5米，小枝密生刚毛状针刺。叶具长柄，掌状复叶，小叶5枚，椭圆状卵形或倒卵形，先端渐尖或短突尖，叶缘有刺状锯齿，叶面密生粗毛。伞形花序，顶生，小花聚生成球形，紫黄色。核果卵状球形，熟果黑色。
- **用途**：园景树或盆栽。根、茎、叶为中药材，具安神、补肾之效。
- **生长习性**：阳性植物。性喜冷凉至温暖、潮湿、向阳之地，生长适宜温度12～25℃，日照70%～100%。耐寒不耐热，中海拔高冷地栽培为佳，平地夏季高温生育不良。
- **繁育方法**：播种或扦插法，春季为适期。
- **栽培要点**：栽培介质以腐殖土或沙质壤土为佳。春、夏季生育期施肥2～3次。夏季避免高温多湿、通风不良。植株老化施以重剪或强剪。

五加科常绿小乔木

刺通草

- **别名**：桤树。
- **植物分类**：刺通草属（*Trevesia*）。
- **产地**：中国西南部及印度、孟加拉国、越南、缅甸等热带至亚热带地区。园艺观赏零星栽培。
- **形态特征**：株高可达4米，干通直，枝干有刺。叶具长柄，掌状深裂，裂片5～9枚，披针形，先端渐尖，叶缘有粗锯齿或大缺刻；叶片基部有叶状阔翅相连成多角形，全叶形似绿色雪花图案，极为殊雅。伞形花序，顶生，小花黄绿色。核果卵球形。
- **用途**：园景树或大型盆栽。
- **生长习性**：中性植物。性喜温暖至高温、潮湿、向阳或荫蔽之地，生长适宜温度20～30℃，日照60%～100%。耐热、耐阴、耐湿。
- **繁育方法**：播种或扦插法，春季为适期。
- **栽培要点**：栽培介质以腐殖土或沙质壤土为佳。土壤保持湿润，空气湿度要高。植株叶大根疏少，不耐移植，成树移植之前需断根处理。

▲ 刺通草·桤树（原产亚洲热带地区）
Trevesia palmata

五加科常绿灌木或小乔木

孔雀木

- **植物分类**：鹅掌柴属（*Schefflera*）。
- **产地**：澳大利亚、南太平洋诸岛热带地区。园艺景观普遍栽培。
- **形态特征**：株高可达5米，枝干通直。叶有长柄，掌状复叶，小叶5～11片，披针状长椭圆形，全缘或齿裂缘；幼株小叶线形，齿裂状粗锯齿缘。复伞形花序，顶生。园艺栽培种有镶边孔雀木，小叶3～6片，叶面绿褐色，叶缘乳白色或淡红色。
- **用途**：园景树、盆栽。
- **生长习性**：中性植物。性喜高温、湿润、向阳至荫蔽之地，生长适宜温度20～30℃，日照50%～100%。耐热、耐湿、耐阴，喜空气湿度高。
- **繁育方法**：播种或扦插法，春季为适期。
- **栽培要点**：栽培介质以腐殖土或沙质壤土为佳。春、夏季生长期施肥2～3次。春季修剪整枝，植株老化施以重剪或强剪。冬季要温暖、避风越冬。

▲ 孔雀木（原产波利尼西亚、澳大利亚）
Schefflera elegantissima（Dizygotheca elegantissima）

▲ 镶边孔雀木（栽培种）
Schefflera elegantissima 'Castor Variegata'

▲ 幌伞枫·罗伞树·旺旺树（原产中国、印度、印度尼西亚、缅甸） *Heteropanax fragrans*

五加科常绿乔木

幌伞枫

- ●**别名**：罗伞树、旺旺树。
- ●**植物分类**：幌伞枫属（*Heteropanax*）。
- ●**产地**：中国南部和西南部及印度、印度尼西亚、缅甸等热带至亚热带地区。园艺观赏零星栽培。
- ●**形态特征**：株高可达30米，主干通直，灰棕色。3～5回羽状复叶，小叶卵形或椭圆形，先端短渐尖，全缘，薄革质。伞形花序顶生，总状排列，小花红褐色。核果扁球形。
- ●**用途**：园景树、行道树或大型盆栽。羽叶巨大，极耐阴，盆栽可当室内观叶植物。木材可制家具。药用可治骨髓炎、烧伤、感冒等。
- ●**生长习性**：中性植物。性喜高温、湿润、向阳至荫蔽之地，生长适宜温度20～30℃，日照50%～100%。生性强健，耐热、耐旱、耐阴。
- ●**繁育方法**：播种、扦插法，但以播种为主，春季为适期。（栽培要点可参照澳洲鸭脚木）

▲ 阳桃·五敛子（原产中国、马来西亚） *Averrhoa carambola*

酢浆草科常绿大灌木或小乔木

阳桃

- ●**别名**：五敛子、羊桃。
- ●**植物分类**：阳桃属（*Averrhoa*）。
- ●**产地**：亚洲及澳大利亚、中美洲、南美洲等热带至亚热带地区。园艺果树普遍栽培。
- ●**形态特征**：热带果树，株高可达5米，奇数羽状复叶，小叶卵状椭圆形，先端短尖，全缘。全年见花，总状花序，腋生或干生，小花紫红色，花姿小巧可爱。浆果5棱，横断面呈星形，熟果黄至橙黄色。
- ●**用途**：园景树、果树。果实可生食，可制果汁、蜜饯、酿酒。药用可治风热咳嗽、声音沙哑、喉咙痛。
- ●**生长习性**：阳性植物。性喜高温、湿润、向阳之地，生长适宜温度22～30℃，日照70%～100%。
- ●**繁育方法**：播种、高压或嫁接法，春季为适期。
- ●**栽培要点**：栽培介质以沙质壤土为佳。幼株春、夏季生长期施肥2～3次；成树偏重磷、钾肥，果实采收后施用有机肥。开花常在老枝干，每年修剪徒长枝、细枝、过密枝等，避免重剪或强剪。

玉蕊类

● **植物分类**：玉蕊属（*Barringtonia*）。

● **产地**：世界各地热带海岸。

1. **滨玉蕊**：别名棋盘脚树、碁盘脚树、垦丁肉粽。常绿乔木，台湾原生恒春半岛、兰屿、绿岛海岸。原生地园艺景观零星栽培。株高可达30米，叶长椭圆状倒卵形，先端钝圆或短突尖，全缘，厚革质。夏、秋季开花，总状花序顶生，夜开性，白色花瓣4片，雄蕊400余枚，上半部紫红色。核果形似棋盘之脚垫。

2. **玉蕊**：别名穗花棋盘脚树。常绿中乔木，台湾原生北部滨海、恒春半岛。园艺景观普遍栽培。株高可达12米，叶倒披针形或长卵形，先端渐尖，波状锯齿缘，革质，幼叶红褐色。夏、秋季开花，悬垂性总状花序腋生，长可达60厘米，夜开性，花瓣4片，早落，雄蕊多数，乳白或粉红色。核果长椭圆形，略呈4棱，棱角暗红色。

● **用途**：园景树、滨海防风树。玉蕊水陆两栖，水池或湿地均能成活。

● **生长习性**：阳性植物。滨玉蕊性喜高温、向阳之地，生长适宜温度25～32℃，日照80%～100%；耐热不耐寒、耐盐、抗风；恒春半岛生育良好，台湾中、北部冬季易受寒害，生长不良。玉蕊生长适宜温度20～32℃，日照70%～100%；水陆两栖，耐寒也耐热、耐潮湿，低海拔各地生育良好。

● **繁育方法**：播种、扦插法，但以播种为主，春季为适。

● **栽培要点**：栽培介质以壤土或沙质壤土为佳。春、夏季生育期施肥2～3次。冬季低温常有落叶现象，避免寒害。成树移植之前需断根处理。

▲滨玉蕊·棋盘脚树·碁盘脚树·垦丁肉粽（原产南洋海岸、中国台湾）*Barringtonia asiatica*

▲滨玉蕊·棋盘脚树·碁盘脚树·垦丁肉粽（原产南洋海岸、中国台湾）*Barringtonia asiatica*

▲玉蕊·穗花棋盘脚树（原产澳大利亚、印度、马来西亚和日本琉球、中国台湾）*Barringtonia racemosa*

▲白桦（原产中国、韩国、日本、俄罗斯）
Betula platyphylla

桦木科落叶乔木

白桦

- ●**植物分类**：桦木属（*Betula*）。
- ●**产地**：中国东北部、华中至华西及日本、韩国和西伯利亚等温带至暖带地区。园艺观赏零星栽培。
- ●**形态特征**：株高可达25米，干皮白色，薄纸状剥落。叶3角状卵形、菱状卵形，先端渐尖，叶缘有不规则缺刻或重粗锯齿缘。花腋生，圆柱形，雄花红褐色。小坚果倒卵形或椭圆形。
- ●**花果期**：夏、秋季开花结果。
- ●**用途**：园景树。木材可供建筑、枕木、造纸。叶可萃取黄色染料。药用可解热、治黄疸。
- ●**生长习性**：阳性植物。性喜冷凉、干燥、向阳之地，生长适宜温度12～20℃，日照70%～100%。耐寒不耐热，中高海拔山区栽培为佳，平地、高温生长不良。
- ●**繁育方法**：播种法，春季为适期。
- ●**栽培要点**：栽培介质以沙质壤土为佳。幼树春、夏季施肥3～4次。冬季落叶后修剪整枝，成树移植之前需断根处里。

▲吊瓜树（原产非洲热带地区）
Kigelia africana (*Kigelia pinnata*)

紫葳科落叶乔木

吊瓜树

- ●**植物分类**：吊瓜树属（*Kigelia*）。
- ●**产地**：非洲热带地区。园艺景观普遍栽培。
- ●**形态特征**：株高可达10米以上。叶对生，一回羽状复叶，小叶7～13片，椭圆形或长卵形，先端突尖或微凹，全缘，硬脆革质。圆锥花序，下垂，夜开性，花冠铃形，暗红色。果实肥大，一串串吊垂枝下，奇特美观。
- ●**花期**：夏、秋季开花，夜开性，早晨或上午即凋谢。
- ●**用途**：园景树、绿荫树。
- ●**生长习性**：阳性植物。性喜高温、湿润、向阳之地，生长适宜温度23～32℃，日照80%～100%。生长快速，耐热、耐旱、耐湿。
- ●**繁育方法**：播种、扦插法，春季为适期。
- ●**栽培要点**：栽培介质以壤土或沙质壤土为佳。春、夏季生长期施肥2～3次。幼树冬季需温暖、避风越冬。成树移植之前需断根处理。

▲吊瓜树（原产非洲热带地区）
Kigelia africana (Kigelia pinnata)

▲梓树（原产中国）
Catalpa ovata

紫葳科落叶乔木

梓树类

●**植物分类**：梓树属（*Catalpa*）。

●**产地**：北美洲以及中国华北、华中至西南部，暖带至温带地区。

1.**梓树**：株高可达12米，叶对生或轮生，阔卵形，3~5浅裂，先端突尖，纸质，叶背有紫黑色腺点。春末至夏季开花，圆锥花序，顶生，花冠铃形，淡黄色，花瓣内侧有橘黄色或紫色斑点。蒴果长线形，下垂。

2.**美国梓**：园艺观赏零星栽培。株高可达12米。叶对生或3片轮生，心形或阔卵形，先端突尖，全缘或上部2齿裂，纸质。春末至夏季开花，圆锥花序，顶生，花冠铃形，白色，下唇瓣内侧具黄或紫色斑点。蒴果长线形，下垂。园艺栽培种有黄金梓，叶片金黄色。

●**用途**：园景树。木材可作建筑、雕刻、家具用材。梓树药用可治疥疮、伤寒、肾炎浮肿、皮肤瘙痒等。

●**生长习性**：阳性植物。性喜温暖、湿润、向阳之地，生长适宜温度15~25℃，日照70%~100%。生长快速，耐寒不耐热，耐湿、不耐风，中、高海拔高冷地栽培为佳，平地夏季高温生长迟缓或不良。

●**繁育方法**：播种法，春、秋季为适期。

●**栽培要点**：栽培介质以壤土或沙质壤土为佳。春、夏季生长期施肥2~3次。冬季落叶后修剪整枝。成树移植之前需断根处理。

▲美国梓（原产北美洲）
Catalpa bignonioides

▲黄金梓·金叶美国梓（栽培种）
Catalpa bignonioides 'Aurea'

▲ 蒲瓜树·炮弹果（原产美洲热带地区）
Crescentia cujete

▲ 斑叶蒲瓜树（栽培种）
Crescentia cujete 'Variegata'

▲ 叉叶木·十字架树（原产中美洲地区）
Parmentiera alata (*Crescentia alata*)

紫葳科落叶乔木

蒲瓜树类

- ●植物分类：蒲瓜树属（*Crescentia*）。
- ●产地：中美洲、南美洲热带地区。
- 1.蒲瓜树：别名炮弹果。落叶乔木。园艺观赏零星栽培。株高可达10米，幼枝有棱。叶倒披针形，3～5片簇生，先端钝或渐尖。夏、秋季开花，干生，花冠漏斗状，黄绿色。果实球形，果径9～12厘米，形似蒲瓜。园艺栽培种有斑叶蒲瓜树。
- ●用途：园景树。蒲瓜树药用可治血尿、头痛、便秘。
- ●生长习性：阳性植物。性喜高温、湿润、向阳之地，生长适宜温度23～32℃，日照70%～100%。
- ●繁育方法：播种、扦插或高压法，春、夏季为适期。
- ●栽培要点：栽培介质以沙质壤土为佳。春、夏季生长期每1～2个月施肥1次。干花植物需培养成熟枝干，不可重剪或强剪。成树移植前需断根处理。

紫葳科常绿小乔木

蜡烛木类

- ●植物分类：蜡烛树属、桐花树属（*Parmentiera*）。
- ●产地：中美洲热带地区。
- 1.蜡烛木：别名桐花树。园艺观赏零星栽培。株高可达6米，三出复叶，对生，叶柄有狭翼；小叶椭圆形或卵形，全缘或浅缺刻。全年均能开花，枝生或主干生，花冠铃形，先端近5裂，乳白色。果实长条形，果表蜡质，形似蜡烛。
- 2.黄瓜蜡烛木：别名蜡瓜树。园艺景观零星栽培。株高可达4米，枝疏生短刺。三出复叶，对生或轮生，叶柄有狭翼；小叶椭圆形或倒卵形，全缘，纸质。夏、秋季开花，花冠铃形，先端近5裂，乳白色。果实长筒状，略弯曲，果表蜡质，形似辣椒或蜡烛。杂交种果实圆柱形，暗红色。
- 3.叉叶木：别名十字架树。落叶小乔木，株高可达4米，三出复叶，叶柄有狭翼，形似"十"字。小叶倒披针形，先端微凹。夏、秋季开花，干生，花冠暗紫红色。果实球形。
- ●用途：园景树。食用蜡烛木果实淡甜，可食用。
- ●生长习性：阳性植物。性喜高温、湿润、向阳之地，生长适宜温度23～30度，日照70%～100%。生性强健、耐热、耐旱、耐湿。
- ●栽培要点：可参照蒲瓜树类。

▲ 叉叶木・十字架树（原产中美洲地区）
Parmentiera alata (*Crescentia alata*)

▲ 蜡烛木・桐花树（原产中美洲地区）
Parmentiera cereifera

▲ 食用蜡烛木'亚当'（杂交种）
Parmentiera hybrida 'Adam'

▲ 蜡烛木全年均能开花，枝生或主干生，花
　冠铃形，乳白色

▲ 叉叶木夏、秋季开花，干生，花冠暗紫红色

▲ 黄瓜蜡烛木・蜡瓜树（原产墨西哥、危地马拉）
Parmentiera aculeata (*Parmentiera edulis*)

▲ 菜豆树・山菜豆（原产中国和日本）
Radermachera sinica

▲ 斑叶菜豆树（栽培种）
Radermachera sinica 'Variegata'

菜豆树类

- ●**植物分类**：菜豆树属（*Radermachera*）。
- ●**产地**：中国南部以及日本琉球热带至亚热带地区。
- 1.**菜豆树**：别名山菜豆。落叶乔木，园艺景观零星栽培。株高可达12米，2～3回羽状复叶，小叶卵形或椭圆形，先端尾尖，全缘，纸质。圆锥花序，顶生，花冠白色，夜开性。蒴果长条形，扭曲状，形似菜豆，种子扁平，具透明膜质翅。园艺栽培种有斑叶菜豆树。
- 2.**海南菜豆树**：别名牛尾树、进宝树。常绿乔木。园艺观赏零星栽培。株高可达20米。一至二回羽状复叶，小叶卵形或椭圆形，先端渐尖，全缘（幼株锯齿缘），叶色墨绿油亮，近革质。圆锥花序，腋生，花冠铃形，黄绿色。蒴果长条形，长25～40厘米，革质。种子扁平，有透明膜质翅。
- ●**花期**：春、夏季开花。
- ●**用途**：园景树。菜豆树幼树极耐阴，盆栽可当室内观叶植物。山菜豆药用可治暑热、跌打损伤、疔肿等。海南菜豆树木材可制高级家具。
- ●**生长习性**：中性植物。性喜高温、湿润、向阳或略荫蔽之地，生长适宜温度20～30℃，日照60%～100%。生性强健，生长快速，耐热、耐湿、耐阴。
- ●**繁育方法**：播种、扦插或高压法，春季为适期。
- ●**栽培要点**：栽培介质以石灰质之沙砾土或沙质壤土为佳。春、夏季施肥2～3次。冬季落叶后或春季修剪整枝。成树移植前需断根处理。

▲ 海南菜豆树・牛尾树・进宝树（原产中国海南岛）*Radermachera hainanensis*

▲ 海南菜豆树・牛尾树・进宝树（原产海南岛）*Radermachera hainanensis*

紫葳科常绿乔木
火烧花

- ●**植物分类**：菜豆树属（*Radermachera*）。
- ●**产地**：中南半岛以及中国南部至西南部，热带至亚热带地区。园艺景观零星栽培。
- ●**形态特征**：株高可达15米。二回羽状复叶，小叶卵形、椭圆形或倒卵形，先端短突，全缘，薄革质，叶背淡绿色。总状花序，干生或侧枝生，花萼暗紫褐色，花冠长筒形，先端5裂，橙黄色，盛开时如火焰般耀眼。蒴果线形，长可达45厘米。种子扁平，具透明膜质翅。
- ●**花期**：春、夏季开花。
- ●**用途**：园景树。
- ●**生长习性**：阳性植物。性喜高温、湿润、向阳之地，生长适宜温度22～32℃，日照80%～100%。生长快速，耐热、耐旱、耐湿。
- ●**繁育方法**：播种、高压法，春季为适期。
- ●**栽培要点**：栽培介质以壤土或沙质壤土为佳。春、夏季生长期施肥2～3次。成树移植之前需断根处理。

▲火烧花（原产中国、越南、缅甸等）
Radermachera ignea (*Mayodendron igneum*)

▲火烧花（原产中国、越南、缅甸等）
Radermachera ignea (*Mayodendron igneum*)

紫葳科常绿乔木
猫尾木

- ●**植物分类**：猫尾木属（*Dolichandrone*）。
- ●**产地**：中国南部至西南部、中南半岛热带至亚热带地区。园艺观赏零星栽培。
- ●**形态特征**：株高可达10米。奇数羽状复叶，小叶长椭圆形或椭圆状卵形，先端尾尖，全缘（幼树锯齿缘），纸质，叶背淡绿色。总状花序顶生，大花夜开，花冠铃形，黄色，冠筒暗红褐色。蒴果长柱形，长20～35厘米，形似猫尾。种子扁平，具膜质翅。
- ●**花、果期**：秋、冬季开花，冬至春季结果。
- ●**用途**：园景树。木材可供建筑、家具用材。
- ●**生长习性**：阳性植物。性喜高温、湿润、向阳之地，生长适宜温度22～32℃，日照70%～100%。生长快速，耐热、耐旱。
- ●**繁育方法**：播种、扦插或高压法，春夏为适期。
- ●**栽培要点**：栽培介质以沙质壤土为佳。春、夏季生长期施肥2～3次。春季修剪整枝。成树移植前需断根处理。

▲猫尾木（原产中国、中南半岛）
Dolichandrone stipulata var. *kerri*

木棉科落叶乔木

猴面包树·猢狲木

- ●**植物分类**：猴面包树属（*Adansonia*）。
- ●**产地**：非洲热带地区。园艺景观普遍栽培。
- ●**形态特征**：株高可达15米，主干直立，干基肥大。掌状复叶，小叶3～7片，披针形至长椭圆形，先端渐尖，全缘，纸质。花腋生，悬垂状，花梗长可达50厘米，花冠白色，花丝聚生呈圆形，花姿奇特。果实木质，长倒卵形。
- ●**花期**：夏、秋季开花。
- ●**用途**：园景树。果实可制果汁，树皮可织布。药用可治发热、下痢和淋巴疾患、经血过多。
- ●**生长习性**：阳性植物。性喜高温、湿润、向阳之地，生长适宜温度23～32℃，日照70%～100%。
- ●**繁育方法**：播种法，春、夏季为适期。
- ●**栽培要点**：栽培介质以沙质壤土为佳。春、夏季生长期每1～2个月施肥1次。幼树冬季落叶后修剪整枝。成树移植前需断根处理。

▲猴面包树·猢狲木（原产非洲热带地区）
Adansonia digitata

木棉科落叶小乔木

假木棉

- ●**别名**：足球树。
- ●**植物分类**：假木棉属（*Pseudobombax*）。
- ●**产地**：中美洲热带地区。园艺观赏零星栽培。
- ●**形态特征**：株高可达6米，树皮灰绿色。干基肥大多肉成棍棒状或圆球状，表皮酷似足球或龟甲图案，甚奇特。掌状复叶，小叶3～5片，倒卵形，先端钝圆或微凹，全缘，革质，叶背淡绿色；幼叶红褐色，密被茸毛。春、夏季开花，花瓣线形，淡紫色，花丝细长，淡红色。蒴果卵形或椭圆形。
- ●**用途**：园景树、盆栽。
- ●**生长习性**：阳性植物。性喜高温、湿润、向阳之地，生长适宜温度23～32℃，日照70%～100%。生性强健，耐热、极耐旱。
- ●**繁育方法**：播种法，春、夏季为适期。
- ●**栽培要点**：栽培介质以壤土或沙质壤土为佳。春、夏季生长期施肥2～3次。盆栽土壤避免长期潮湿或排水不良。冬季落叶后修剪整枝。

▲假木棉·足球树（原产中美洲）
Pseudobombax ellipticum（*Bombax ellipticum*）

木棉科落叶大乔木

吉贝

- ●**别名**：吉贝木棉、爪哇木棉。
- ●**植物分类**：吉贝属（*Ceiba*）。
- ●**产地**：亚洲、美洲至非洲热带地区。园艺景观零星栽培。
- ●**形态特征**：株高可达18米，主干直立，侧枝轮生；幼树枝干绿色，具瘤刺；老干灰褐色，无刺。掌状复叶，小叶5～9片，椭圆形，先端锐或渐尖，全缘，纸质；叶背主脉及叶柄紫红色。花簇生叶腋，乳白色。蒴果长椭圆形，5瓣裂，内具棉毛。
- ●**花期**：夏、秋季开花。
- ●**用途**：园景树。
- ●**生长习性**：阳性植物。性喜高温、湿润、向阳之地，生长适宜温度23～32℃，日照70%～100%。生长快速，耐热、耐旱、耐瘠。
- ●**繁育方法**：播种法，春、夏季为适期。
- ●**栽培要点**：栽培介质以沙质壤土为佳。幼树春、夏季生长期每1～2个月施肥1次。冬季落叶后修剪整枝，不可重剪或强剪。成树移植前需断根处理。

▲吉贝·吉贝木棉·爪哇木棉（原产亚洲、美洲以及非洲热带地区）*Ceiba pentandra*

木棉科常绿大乔木

榴莲

- ●**别名**：流连、山韶子。
- ●**植物分类**：榴莲属（*Durio*）。
- ●**产地**：印度尼西亚爪哇岛、马来西亚和缅甸热带地区。园艺观赏零星栽培。
- ●**形态特征**：株高可达18米。叶互生，长椭圆形，先端锐或渐尖，全缘，革质，叶背有银褐色鳞痂。聚伞花序簇生于大枝，花冠乳黄色。蒴果椭圆形或近球形，内分5室，果肉浆质奶油状，淡黄色，含硫化物气味，味甜而具特殊异味，誉为南洋果王。
- ●**花期**：春、夏季开花。
- ●**用途**：园景树。果肉浆质奶油状可食用。药用可治心腹冷气、暴痢、皮肤病。
- ●**生长习性**：阳性植物。性喜高温、湿润、向阳之地，生长适宜温度25～32℃，日照80%～100%。耐热不耐寒。
- ●**繁育方法**：播种、嫁接法，春、夏季为适期。
- ●**栽培要点**：栽培介质以沙质壤土为佳。春、夏季生育期施肥2～3次。冬季需温暖、避风越冬。

▲榴莲·流连·山韶子（原产印度尼西亚爪哇岛、马来西亚、缅甸）*Durio zibethinus*

▲ 马拉巴栗·发财树·大果木棉·美国土豆（原产墨西哥、哥斯达黎加）*Pachira macrocarpa*

▲ 马拉巴栗·发财树·大果木棉·美国土豆（原产墨西哥、哥斯达黎加）*Pachira macrocarpa*

▲ 斑叶马拉巴栗（栽培种）
Pachira macrocarpa 'Variegata'

木棉科常绿小乔木

马拉巴栗类

● **植物分类**：瓜栗属（马拉巴栗属）（*Pachira*）。

● **产地**：中美洲、南美洲热带地区。

1. **马拉巴栗**：别名发财树、大果木棉、美国土豆。园艺景观普遍栽培。株高可达8米，侧枝轮生，干基肥大，树皮绿色。掌状复叶，小叶4～7枚，长椭圆形或倒卵状长椭圆形，先端渐尖，全缘，革质。春末至夏季开花，花瓣线状披针形，反卷，淡黄绿色，花丝细长，白色。蒴果卵形或椭圆形。园艺培养种有斑叶马拉巴栗，叶片有淡黄色斑纹。

2. **水瓜栗**：别名墨西哥瓜栗。园艺观赏零星栽培。株高可达8米，干基具板根，树皮绿色。掌状复叶，小叶5～7枚，长椭圆披针形或倒卵形，先端渐尖或钝圆，全缘，革质。春末至夏季开花，花瓣线状披针形，反卷，淡黄色，花丝细长，上部红色。蒴果卵形或椭圆形。

● **用途**：园景树、行道树、大型盆栽。种子可食用、榨油。根部黏液含胶质，可供胶料。马拉巴栗药用可治胸痛、口干舌燥、慢性肾炎等。

● **生长习性**：阳性植物。性喜高温、湿润、向阳之地，生长适宜温度20～30℃，日照70%～100%。生性强健粗放，耐寒也耐热，极耐旱、耐阴。

● **繁育方法**：播种法，春、夏季为适期。种子现采即播发芽率高，超过2周发芽率急降。

● **栽培要点**：栽培介质以壤土或沙质壤土为佳。春、夏季生育期施肥2～3次。盆栽避免长期排水不良。

▲ 水瓜栗·墨西哥瓜栗（原产中美洲、南美洲）
Pachira aquatica

福建茶

- ●**别名**：满福木。
- ●**植物分类**：基及树属（*Carmona*）。
- ●**产地**：亚洲热带地区、中国南部。园艺景观普遍栽培。
- ●**形态特征**：株高可达3米，善分枝。叶近轮生，倒卵形或匙形，先端钝，全缘或上半部锯齿缘，厚纸质，叶面偶具银色小斑点，粗糙。夏季开花，聚伞花序，小花白色。浆果球形，由黄转红色。园艺栽培种有斑叶福建茶、银叶福建茶、金叶福建茶等。
- ●**用途**：园景树、修剪造型、绿篱、盆景。药用可治便血、风湿痛、疔疮等。
- ●**生长习性**：阳性植物。性喜高温、湿润、向阳之地，生长适宜温度22～32℃，日照80%～100%。生性强健，耐旱、耐瘠，抗风，抗污染。萌芽力强、耐修剪。
- ●**繁育方法**：播种、扦插法，春、秋季为适期。
- ●**栽培要点**：栽培介质以壤土或沙质壤土为佳。萌芽快速，矮篱或造型树需常修剪整枝，补给肥料。

▲ 福建茶·满福木（原产亚洲热带地区）
Carmona retusa (*Ehretia microphylla*)

▲ 银叶福建茶（栽培种）
Carmona retusa 'Silver'

▲ 福建茶·满福木（原产亚洲热带地区）
Carmona retusa (*Ehretia microphylla*)

▲ 金叶福建茶（栽培种）
Carmona retusa 'Aurea'

▲ 斑叶福建茶·斑小叶厚壳树（栽培种）
Carmona retusa 'Variegata'

▲ 破布木·破布子·树子（原产亚洲热带地区、中国南部）*Cordia dichotoma*

▲ 大果破布木（栽培种）
Cordia dichotoma 'Macrocarpous'

紫草科落叶小乔木

破布木

- ●别名：破布子、树子。
- ●植物分类：破布木属（*Cordia*）。
- ●产地：亚洲热带地区。园艺景观零星栽培。
- ●形态特征：株高可达9米，幼枝密被褐毛。叶互生，阔卵形至心形，先端尾尖或钝，全缘或波状缘，厚纸质。春季开花，伞形花序，小花黄白色。核果球形，果径约1厘米，熟果淡橙黄，中果皮有特殊黏液。园艺栽培种有大果破布木，果径可达2.8厘米。
- ●用途：园景树。果实可制酱菜、榨油。药用可治心胃气痛、子宫炎等。
- ●生长习性：阳性植物。性喜高温、湿润、向阳之地，生长适宜温度20～30℃，日照80%～100%。生性强健粗放、耐热、极耐旱、耐湿、耐贫瘠。
- ●繁育方法：播种、扦插法，春季为适期。
- ●栽培要点：栽培介质以沙质壤土为佳。土壤湿润生长迅速。春季至中秋施肥2～3次。成树果期过后施以强剪或重剪。移植前需断根处理。

紫草科常绿灌木或小乔木

白水木

- ●别名：银毛树。
- ●植物分类：藤紫丹属（*Tournefortia*）。
- ●产地：亚洲、非洲以及澳大利亚和太平洋诸岛等热带海岸。园艺景观普遍栽培。
- ●形态特征：株高可达5米，全株密生银白色柔毛。叶丛生枝端，倒卵形或匙形，先端圆钝，肉质。春季开花，聚伞花序顶生，蝎尾状分歧，白色。核果球形，熟果白色，中果皮软木质，能漂浮海面传布。
- ●用途：园景树、海岸防风树。药用可治风湿骨痛。
- ●生长习性：阳性植物。性喜高温、湿润至干旱、向阳之地，生长适宜温度23～32℃，日照80%～100%。生性强健，生长缓慢，耐热、耐旱、耐盐。抗风。
- ●繁育方法：播种、扦插法，春、秋季为适期。
- ●栽培要点：栽培介质以沙质壤土为佳。春、夏季生长期施肥2～3次。春季修剪整枝，生长缓慢，不宜重剪。成树移植前需断根处理。

▲ 白水木·银毛树（原产亚洲热带地区、非洲和澳大利亚热带海岸）*Tournefortia argentea* (*Messerschmidia argenea*)

钟萼木科落叶乔木

钟萼木

- **别名**：伯乐树。
- **植物分类**：钟萼木属（伯乐树属）（*Bretschneidera*）。
- **产地**：中国华中至华南，亚热带至暖带地区。园艺景观零星栽培。
- **形态特征**：株高可达5米，幼枝有毛，基部常萌生幼芽。奇数羽状复叶，互生，小叶对生，长卵形或长椭圆状披针形，先端尾尖，基歪，全缘，纸质，叶背白绿色。春季开花，总状花序，顶生，花萼宽钟形，花冠白至粉红色。蒴果卵形，木质。
- **用途**：园景树、行道树。
- **生长习性**：阳性植物。性喜温暖、湿润、向阳之地，生长适宜温度15～28℃，日照70％～100％。耐寒不耐热，平地和高温生长迟缓或不良。
- **繁育方法**：播种或用地下走茎扦插，春季为适期。
- **栽培要点**：栽培介质以沙质壤土为佳。春、夏季生长期施肥2～3次。落叶后修剪整枝。主根肉质粗壮，侧根疏少。成树移植前需断根处理。

▲钟萼木·伯乐树（原产中国）
Bretschneidera sinensis （吕胜由摄影）

▲钟萼木（原产中国）
Bretschneidera sinensis

橄榄科常绿乔木

橄榄

- **植物分类**：橄榄树属（*Canarium*）。
- **产地**：中国华南、华中亚热带至暖带地区。园艺观赏零星栽培。
- **形态特征**：株高可达20米。羽状复叶，小叶长椭圆形，先端短尖，全缘，近革质。圆锥花序，腋生，小花白色。果实椭圆形，熟果黄白色。核果纺锤形，略呈三棱状，两端锐尖。
- **花、果期**：夏、秋季开花结果。
- **用途**：园景树。果实可生食、制蜜饯。药用可治咽喉痛、食积、解毒、胃痛，妇科白带、白浊等。
- **生长习性**：阳性植物。性喜温暖至高温、湿润、向阳之地，生长适宜温度20～30℃，日照70％～100％。生性强健，耐热也耐寒、耐旱，耐瘠。
- **繁育方法**：播种、嫁接法，春季为适期。
- **栽培要点**：成树移植困难，以幼树定植为宜。栽培介质以沙砾土或沙质壤土为佳。幼树春、夏季施肥3～4次。修剪主干侧枝能促进长高。

▲橄榄（原产中国）
Canarium album

109

黄杨类

▲雀舌黄杨（原产中国）
Buxus harlandii

▲琉球黄杨（原产日本琉球和中国台湾）
Buxus liukiuensis

- **植物分类**：黄杨属（*Buxus*）。
- **产地**：中国及日本等亚热带至暖带地区。
1. **雀舌黄杨**：常绿灌木。园艺景观普遍栽培。株高可达1.5米，幼枝近方形。叶对生，倒卵状长椭圆形，先端凹，全缘，革质。花腋生，密集成球状，黄白色。枝叶细密青翠，常作绿篱或盆景材料。
2. **琉球黄杨**：常绿灌木。园艺景观零星栽培。株高可达2米，幼枝方形，密生。叶对生，倒卵形或椭圆形，先端钝圆或微凹，全缘，革质。花顶生或簇生叶腋，淡黄色。蒴果近球形，3枚柱头宿存。
3. **小叶黄杨**：别名细叶黄杨，常绿小灌木。园艺景观零星栽培。株高可达1米，幼枝方形。叶对生，长椭圆形，先端凹入或有小刺尖，全缘，革质。
4. **黄杨**：别名石柳。常绿灌木或小乔木。园艺景观零星栽培。株高可达3米，幼枝方形。叶对生，卵形或椭圆形，先端微凹或钝圆，全缘，革质。花簇生叶腋，淡黄色。蒴果球形，3室开裂。
- **用途**：园景树、绿篱、盆栽。黄杨木材质地细致，可供雕刻或制乐器。药用可治风湿筋骨痛、心脏病、跌红损伤等。
- **生长习性**：此类植物生长缓慢，耐旱、耐阴、耐瘠，抗风，生长适宜温度15～28℃。雀舌黄杨、小叶黄杨为阳性植物，性喜温暖至高温、湿润、向阳之地，日照70%～100%。琉球黄杨是中性植物，黄杨为阴性植物，性喜温暖至高温、湿润而略荫蔽之

▲小叶黄杨·细叶黄杨（原产日本）
Buxus microphylla

▲黄杨·石柳（原产中国）
Buxus microphylla var. *sinica*

地，日照50%～100%。

●**繁育方法**：播种、扦插法，春季为适期。

●**栽培要点**：栽培介质以沙质壤土为佳。春季至秋季每1～2个月施肥1次。生长缓慢，每年早春修剪整枝，不可重剪或强剪；绿篱全年需做必要修剪。

▲苏木圆锥花序，花冠黄色

▲小叶黄杨枝叶密集，四季翠绿，为绿篱高级树种

苏木科落叶灌木或小乔木

苏木

●**别名**：苏枋。

●**植物分类**：苏木属、云实属（*Caesalpinia*）。

●**产地**：印度以及中南半岛和中国等热带至亚热带地区。园艺观赏零星栽培。

●**形态特征**：株高可达6米，枝干有短刺。二回偶数羽状复叶，小叶歪菱形，先端微缺或小钝凹，基部歪斜，全缘，纸质。春、夏季开花，圆锥花序，顶生，花冠黄色。荚果刀形，具喙，木质。

●**用途**：园景树。心材红棕色，可提炼高级红色染料。药用可活血、止痛。

●**生长习性**：阳性植物。性喜高温、湿润、向阳之地，生长适宜温度23～32℃，日照80%～100%。生性强健，耐热、耐旱、耐瘠。

●**繁育方法**：播种法，春季为适期。

●**栽培要点**：栽培介质以沙砾土或沙质壤土为佳。春、夏季生长期施肥2～3次。土壤避免长期潮湿。冬季落叶后修剪整枝。

▲苏木·苏枋（原产中国、印度和中南半岛）
Caesalpinia sappan

▲铁云实·豹树（原产巴西）
Caesalpinia ferrea

苏木科落叶小乔木

铁云实

- ●**别名**：豹树。
- ●**植物分类**：苏木属、云实属（*Caesalpinia*）。
- ●**产地**：南美洲热带至亚热带地区。园艺观赏零星栽培。
- ●**形态特征**：株高可达5米，树皮容易脱落，枝干光滑，具灰白、灰褐色斑块，酷似豹纹，颇为特殊。二回偶数羽状复叶，小叶对生，卵形或卵状椭圆形，先端钝圆或微凹，全缘，纸质。夏、秋季开花，圆锥花序，顶生，花冠黄色。荚果刀形，木质。
- ●**用途**：园景树。
- ●**生长习性**：阳性植物。性喜高温、湿润、向阳之地，生长适宜温度23～32℃，日照70%～100%。生性强健，耐热、耐旱、耐瘠。
- ●**繁育方法**：播种法，春季为适期。
- ●**栽培要点**：栽培介质以沙砾土或沙质壤土为佳。春、夏季生长期施肥2～3次。土壤保持适润，但避免长期潮湿。冬季落叶后修剪整枝。

苏木科落叶小乔木

墨水树

- ●**植物分类**：墨水树属（*Haematoxylum*）。
- ●**产地**：中美洲、哥伦比亚热带地区。园艺景观零星栽培。
- ●**形态特征**：株高可达8米。羽状复叶，互生，叶腋有锐刺；小叶无柄，对生，倒心形或倒卵形，先端钝圆或凹入，全缘，纸质。总状花序，腋生，小花金黄色。荚果扁弯刀形。
- ●**花期**：春季开花。
- ●**用途**：园景树、绿篱。心材紫褐色，可制墨水染料或显微镜之检体染色原料。药用可治痢疾、肠出血、肺出血、子宫出血等。
- ●**生长习性**：阳性植物。性喜高温、湿润、向阳之地，生长适宜温度22～30℃，日照70%～100%。耐热、耐旱，平地、高温生育良好。
- ●**繁育方法**：播种、扦插或高压法，春、夏季为适期。
- ●**栽培要点**：栽培介质以壤土或沙质壤土为佳。春、夏季生长期施肥2～3次。花、果期过后或冬季落叶后修剪整枝。

▲墨水树·彩木（原产中美洲及哥伦比亚）
Haematoxylum campechianum

苏木科常绿乔木

孪叶豆

- **别名**：孪叶苏木、南美叉叶树。
- **植物分类**：孪叶豆属（*Hymenaea*）。
- **产地**：南美洲热带地区。园艺观赏零星栽培。
- **形态特征**：株高可达12米。小叶2片成对，椭圆形或卵状椭圆形，先端渐尖，基部歪斜，全缘，革质。伞房状圆锥花序，顶生，小花白色。荚果木质，扁倒卵状歪椭圆形，不开裂，熟果锈褐色。
- **花、果期**：夏、秋季开花结果。
- **用途**：园景树。果实可食用。木材可制家具、造船。树液可制胶料。
- **生长习性**：阳性植物。性喜高温、湿润、向阳之地，生长适宜温度23～32℃，日照70%～100%。耐热、耐旱，高温生长良好。
- **繁育方法**：播种法，春、夏季为适期。
- **栽培要点**：栽培介质以沙质壤土为佳。春、夏季生长期施肥2～3次。果期过后或春季修剪整枝。

▲孪叶豆·孪叶苏木·南美叉叶树（原产美洲热带地区）*Hymenaea courbaril*

苏木科常绿乔木

扁轴木

- **植物分类**：扁轴木属（*Parkinsonia*）。
- **产地**：中美洲墨西哥热带地区。园艺观赏零星栽培。
- **形态特征**：株高可达8米，叶腋下方有长刺3枚。羽状复叶，羽片2～6枚簇生，长达30厘米以上；小叶极细小，线状长椭圆形或倒披针形，先端圆钝，全缘，纸质，夜间闭合。花顶生，小花黄色，唇瓣橙红色。荚果木质，熟果锈褐色。枝叶细长稀疏、奇特，属阔叶树种之奇花异木。
- **花期**：夏季开花。
- **用途**：园景树。
- **生长习性**：阳性植物。性喜高温、湿润、向阳之地，生长适宜温度23～32℃，日照70%～100%。耐热、耐旱，高温生长良好。
- **繁育方法**：播种法，春、夏季为适期。
- **栽培要点**：栽培介质以壤土或沙质壤土为佳。春、夏季生育期施肥2～3次。春季修剪整枝。

▲扁轴木（原产美洲热带地区）
Parkinsonia aculeata

苏木科 CAESALPINIACEAE

苏木科常绿乔木

罗望子

- **别名**：酸豆、酸果树。
- **植物分类**：罗望子属（*Tamarindus*）。
- **产地**：非洲热带地区。园艺景观零星栽培。
- **形态特征**：株高可达20米。羽状复叶，小叶长椭圆形，略斜弯，先端钝，基歪。春、夏季开花，总状花序，小花黄色带紫纹。荚果圆筒状，略扁平弯曲，棕褐色；中果皮之果泥软而厚，味酸。园艺栽培种有"甜豆"，果泥味甘甜。
- **用途**：园景树、行道树。果实可生食，果泥酸甜可口，可制蜜饯或糕饼添加料。药用可治食欲不振、便秘、中暑、小儿疳积、妊娠呕吐等。
- **生长习性**：阳性植物。性喜高温、湿润、向阳之地，生长适宜温度23～32℃，日照80%～100%。
- **繁育方法**：播种法，成熟种子现采即播。
- **栽培要点**：栽培介质以沙质壤土为佳。春、夏季生长期每1～2个月施肥1次。早春修剪整枝，成树成熟之老枝常开花结果，避免重剪。

▲罗望子·酸豆·酸果树（原产非洲热带地区）
Tamarindus indica

▲罗望子·酸豆·酸果树（原产非洲热带地区）
Tamarindus indica

▲鱼木·三脚鳖（原产中国、日本）
Crateva adansonii ssp. formosensis

景观植物大图鉴②

114

苏木科常绿乔木

桫椤豆

- **别名**：塔树、裂瓣苏木、捕虫树。
- **植物分类**：桫椤豆属、裂瓣苏木属（*Schizolobium*）。
- **产地**：中美洲墨西哥、巴西热带地区。园艺景观零星栽培。
- **形态特征**：株高可达8米，干绿色。二回羽状复叶，小叶对生，长椭圆形，先端小突尖，全缘，纸质。夏、秋季开花，圆锥花序，顶生，花冠黄白色。叶柄具胶黏物质，小昆虫接触后会有黏着作用。拍打触动叶片会缓缓闭合，状似含羞草，颇富趣味。
- **用途**：园景树、大型盆栽。
- **生长习性**：阳性植物。性喜高温、湿润、向阳之地，生长适宜温度23～32℃，日照80%～100%。生长快速，耐热、不耐寒，冬季寒流来袭气温过低会落叶。
- **繁育方法**：播种法，春季为适期。
- **栽培要点**：栽培介质以壤土或沙质壤土为佳。春、夏季生育期施肥2～3次。冬季需温暖、避风越冬，栽培介质避免长期潮湿。

▲ 桫椤豆·塔树·裂瓣苏木·捕虫树（原产墨西哥、巴西）*Schizolobium parahybum*

白花菜科落叶小乔木

鱼木

- **别名**：三脚鳖。
- **植物分类**：鱼木属（*Crateva*）。
- **产地**：中国南部及日本热带至亚热带地区。园艺景观零星栽培。
- **形态特征**：株高可达8米，枝具白色皮孔。叶互生，三出复叶，小叶卵形或卵状披针形，先端尖，全缘，膜质。春末夏初开花，伞房花序顶生，花冠黄白色，花丝红色细长。浆果卵形或椭圆形，橙褐色。
- **用途**：园景树、行道树。药用可治胃痛、风湿症、肝炎、痢疾等。
- **生长习性**：阳性植物。性喜温暖至高温、湿润、向阳之地，生长适宜温度20～30℃，日照80%～100%。生性强健粗放，耐热、耐旱、耐瘠。
- **繁育方法**：播种、分株法，春、夏季为适期。
- **栽培要点**：栽培介质以沙质壤土为佳。幼株春、夏季生长期施肥2～3次。冬季落叶后修剪整枝。成树移植前需断根处理。

▲ 鱼木·三脚鳖（原产中国、日本）
Crateva adansonii ssp. formosensis

▲珊瑚树·极香荚蒾（原产中国、印度及中南半岛、日本） *Viburnum odoratissimum*

▲珊瑚树·极香荚蒾（原产中国、印度及中南半岛和日本） *Viburnum odoratissimum*

忍冬科常绿灌木或小乔木

珊瑚树类

●**植物分类**：荚蒾属（*Viburnum*）。

●**产地**：亚洲东南部至东北部，热带至暖带地区。

1.**珊瑚树**：别名极香荚蒾。园艺景观普遍栽培。株高可达6米，小枝有微毛至光滑。叶对生，椭圆形至倒卵形，先端圆钝，全缘或上部略具波状锯齿缘，革质。春季开花，聚伞花序，顶生，小花白色。核果椭圆形，熟果红至紫黑色，萼宿存。

2.**着生珊瑚树**：台湾特有植物，原生于中、低海拔山区。园艺景观零星栽培。株高可达3米，通常都是陆地生长，偶见生于树上。叶对生，椭圆形至长椭圆形，先端钝或锐尖，上部具浅齿缘，薄革质。春、夏季开花，聚伞花序，顶生，小花白色。核果椭圆形，熟果红色。

●**用途**：园景树、绿篱、观果树。成树结实累累，红焰美观。药用可治风湿疼痛、跌打损伤、肿毒等。

●**生长习性**：阳性植物。性喜高温、湿润、向阳之地，生长适宜温度20～30℃，日照80%～100%。生性强健，耐热、耐旱、耐瘠，抗风。

●**繁育方法**：播种、扦插法，春、秋季为适期。

●**栽培要点**：栽培介质以沙质壤土为佳。春、秋季施肥3～4次，磷、钾肥比例偏多，能促进开花、结果。果期过后修剪整枝。成树移植前需断根处理。

▲着生珊瑚树（原产中国台湾） *Viburnum arboricolum*

忍冬科常绿或落叶灌木、小乔木

荚蒾类

●**植物分类**：荚蒾属（*Viburnum*）。

●**产地**：欧洲、亚洲和中国热带至温带地区。

1.**琉球荚蒾**：别名五毛树。常绿灌木或小乔木。园艺景观零星栽培。株高可达3米，幼枝深褐色。叶对生，椭圆形或倒卵形，先端钝，细锯齿缘，厚革质，叶面光泽，叶柄、叶背脉络红色。春季开花，圆锥花序，顶生，小花高杯形，白色或淡粉红。核果球形，熟果红色。

2.**欧洲荚蒾**：别名肝木荚蒾。落叶灌木。园艺观赏零星栽培。株高可达2.5米，叶对生，掌状3~5裂，波状缘，纸质，叶背有毛。初夏开花，聚伞花序，顶生，小花聚生成团状，白色，通常聚生于中央部位的花朵才能顺利结果。核果球形，熟果红色。

3.**厚绒荚蒾**：常绿小乔木。园艺观赏零星栽培。株高可达8米，小枝密生星状茸毛。叶对生，长椭圆形或长椭圆状披针形，先端短渐尖，全缘或上部疏生锯齿，纸质，叶背、叶柄密生茸毛。春季开花，圆锥花序，顶生，小花白色，花丝细长。核果卵圆形或椭圆形。

●**用途**：园景树、观果树。琉球荚蒾可当绿篱。

●**生长习性**：阳性植物，日照70%~100%。琉球荚蒾、厚绒荚蒾性喜高温、湿润、向阳之地，生长适宜温度20%~30℃，生性强健，耐热、耐旱。欧洲荚蒾性喜冷凉至温暖，生长适宜温度15~25℃，高冷地栽培为佳。

●**繁殖方法**：播种、扦插法，春、秋季为适期。

●**栽培要点**：栽培介质以沙质壤土为佳。春、夏季生长期施肥2~3次。春季或花果后修剪整枝，绿篱常修剪能促进枝叶茂密。

▲琉球荚蒾·五毛树（原产日本）
Viburnum suspensum

▲琉球荚蒾·五毛树（原产日本）
Viburnum suspensum

▲厚绒荚蒾（原产中国及中南半岛）
Viburnum inopinatum

▲欧洲荚蒾·肝木荚蒾（原产欧洲、非洲北部、亚洲中部）*Viburnum opulus*

▲ 金银木·金银忍冬（原产中国及日本、韩国、俄罗斯）*Lonicera maackii*

▲ 千头木麻黄（原产澳大利亚）
Casuarina nana

▲ 千头木麻黄（原产澳大利亚）
Casuarina nana

忍冬科落叶灌木

金银木

- **别名**：金银忍冬。
- **植物分类**：忍冬属（*Lonicera*）。
- **产地**：亚洲北部至东北部，暖带至温带地区。高冷地园艺观赏零星栽培。
- **形态特征**：株高可达2.5米。叶对生，卵状椭圆形或卵状披针形，先端钝或渐尖，全缘。花成对腋生，花冠2唇形，白色渐转黄色，淡香。浆果球形，红色，果期长达2～3个月。
- **花果期**：夏季开花，秋季结果。
- **用途**：园景树、观果树。
- **生长习性**：阳性植物。性喜冷凉至温暖、湿润、向阳之地，生长适宜温度12～22℃，日照70%～100%。耐寒不耐热，高冷地或中、高海拔山区栽培为佳，中、南部平地夏季高温生长不良。
- **繁育方法**：播种、扦插法，春季为适期。
- **栽培要点**：栽培介质以沙质壤土为佳。春、夏季生长期施肥2～3次。冬季落叶后或早春萌芽之前修剪整枝，植株老化施以重剪或强剪。

▲ 林生异木麻黄（大果木麻黄）（原产澳大利亚）
Allocasuarina torulosa（*Casuarina torulosa*）

▲ 银木麻黄·蓝枝木麻黄（原产澳大利亚）
Casuarina glauca

木麻黄类

● **植物分类**：木麻黄属（*Casuarina*）、异木麻黄属（*Allo casuarina*）。

● **产地**：澳大利亚和亚洲南部热带地区。

1. **木麻黄**：别名木贼叶木麻黄。常绿大乔木。海岸景观普遍栽培。株高可达18米。叶退化呈小枝状，节间4～6厘米，鞘齿6～8枚。春季开花，雌雄同株，雄花黄褐色，生于小枝先端；雌花红色，生于侧枝。球果状果实椭圆形，果苞12～14列。园艺栽培种有锦叶木麻黄，新芽红黄色。

2. **银木麻黄**：别名蓝枝木麻黄。常绿乔木。海岸景观普遍栽培。株高可达12米。叶退化呈小枝状，节间10～15厘米，鞘齿12～20枚。春季开花，雌雄异株，雄花黄褐色，雌花红色。球果状果实椭圆形，果苞20～24列。

3. **千头木麻黄**：常绿小乔木。园艺景观普遍栽培。株高可达3米，小枝节间5～6厘米，鞘齿5～9枚。植株低矮，萌芽力强，小枝浓密，绿篱或造型树容易修剪整形。

4. **林生异木麻黄**：别名大果木麻黄。常绿乔木。园艺观赏零星栽培。株高可达15米，小枝方形，节间约0.3厘米，鞘齿4枚，小枝纤细，叶色翠绿。球果状果实球形或卵形，果苞具三角状突起。

● **用途**：园景树、行道树、海岸防风树、绿篱。

● **生长习性**：阳性植物，性喜温暖至高温、湿润、向阳之地，生长适宜温度20～30℃，日照70%～100%。

● **繁育方法**：播种、扦插或高压法，春、秋季为适期。

● **栽培要点**：栽培介质以沙质壤土为佳。生育期每2～3个月追肥1次，千头木麻黄需常施肥，绿篱栽培常修剪，能促进枝叶茂密。

▲ 木麻黄·木贼叶木麻黄（原产澳大利亚）
Casuarina equisetifolia

▲ 木麻黄雄花生于小枝先端

▲ 锦叶木麻黄（栽培种）
Casuarina equisetifolia 'Tricolor'

▲ 木麻黄雌花红色，球果状，果实椭圆形，果苞12～14列

▲ 疏花卫矛·大丁黄（原产中国）
Euonymus laxiflorus　　（吕胜由摄影）

▲ 越南卫予·交趾卫矛·三宅氏卫矛（原产中国、
菲律宾及中南半岛）*Euonymus cochinchinensis*

▲ 厚叶卫矛·肉花卫矛（原产中国、日本）
Euonymus carnosus　　（吕胜由摄影）

▲ 淡绿叶卫矛（原产中国台湾）
Euonymus pallidifolius

卫矛科常绿灌木

卫矛类

- ●**植物分类**：卫矛属（*Euonymus*）。
- ●**产地**：亚洲东南至东北部，热带、亚热带至暖带。
1. **疏花卫矛**：别名大丁黄。株高可达3米，叶对生，长椭圆形或倒卵形，先端尾状渐尖，浅锯齿缘，叶片折断有丝。聚伞花序，花冠红橙色。蒴果倒卵形，5棱。
2. **越南卫予**：别名交趾卫矛、三宅氏卫矛。株高可达3米，叶3枚轮生，椭圆形或倒卵形，先端钝或渐尖，全缘，厚革质。聚伞花序，小花白绿色。蒴果倒卵形，熟果红色。
3. **厚叶卫矛**：别名肉花卫矛。株高可达2米，叶对生，长卵状椭圆形，先端钝或渐尖，细锯齿缘。聚伞花序，花冠白色。蒴果4棱，淡粉红色，花盘宿存，假种皮红色。
4. **淡绿叶卫矛**：台湾特有植物，原生于恒春半岛礁岩灌丛中，野生族群濒临灭绝。株高可达2.5米，叶对生，阔椭圆形，先端钝或尖。聚伞花序，小花淡黄至淡绿。蒴果扁球形，假种皮红色。
- ●**用途**：园景树、绿篱、花材。厚叶卫矛药用可治风湿痛、肾虚腰痛、淋巴结核、月经疼痛等。
- ●**生长习性**：中性植物，偏阳性。性喜温暖至高温、湿润、向阳至荫蔽之地，生长适宜温度18～30℃，日照50%～100%。生性强健、耐热、耐寒、耐阴。
- ●**繁育方法**：播种、扦插法，春季为适期。
- ●**栽培要点**：栽培介质以腐殖土或沙质壤土为佳。春、夏季施肥2～3次。绿篱常修剪，促使枝叶茂密。

藤黄科常绿乔木

胡桐类

- ●**植物分类**：胡桐属（*Calophyllum*）。
- ●**分布**：广泛分布于澳大利亚、亚洲以及太平洋群岛、印度洋诸岛等热带地区。
- 1.**胡桐**：别名红厚壳、琼崖海棠。园艺景观普遍栽培。株高可达15米，小枝光滑。叶对生，椭圆形至倒卵形，先端圆或微凸，全缘，厚革质。夏季开花，总状花序，腋生，花冠白色，具香气。核果球形。
- 2.**兰屿胡桐**：别名小叶胡桐、兰屿琼崖海棠。园艺景观零星栽培。株高可达8米，小枝有毛。叶对生，椭圆形或倒卵形，先端圆或钝，全缘，革质，幼叶红褐色。夏季开花，圆锥花序，腋生，花冠白色。核果球形，熟果紫黑色，被白粉。
- ●**用途**：园景树、行道树、海岸防风树。胡桐木材可制器具、家具。药用可治眼疾、淋巴结核、风湿痛、月经痛和跌打伤等。
- ●**生长习性**：中性植物，偏阳性。性喜高温、湿润、向阳之地，生长适宜温度23～32℃，日照60%～100%。生性强健，生长缓慢，耐热、耐旱、耐阴、耐瘠、耐盐、抗风。
- ●**繁育方法**：播种法，春季为适期。
- ●**栽培要点**：栽培介质以壤土或砂质壤土为佳。幼株春、夏季生长期施肥2～3次。主根长，细根少，大树移植困难，移植之前需彻底断根处理；以幼株、盆栽苗或袋苗种植为佳。

▲ 胡桐·红厚壳·琼崖海棠（原产中国、印度、马来西亚、菲律宾）*Calophyllum inophyllum*

▲ 胡桐·红厚壳·琼崖海棠（原产中国、印度、马来西亚、菲律宾）*Calophyllum inophyllum*

▲ 兰屿胡桐·小叶胡桐·兰屿琼崖海棠（原产中国、菲律宾、婆罗洲）*Calophyllum blancoi*

▲ 兰屿胡桐·小叶胡桐·兰屿琼崖海棠（原产中国、菲律宾、婆罗洲）*Calophyllum blancoi*

▲ 粉红香果树·书带木（原产美洲热带地区）
Clusia rosea

▲ 斑叶香果树·斑叶书带木（栽培种）
Clusia rosea 'Variegata'

▲ 黄斑香果树·黄斑书带木（栽培种）
Clusia rosea 'Aureo-variegata'

▲ 蛋树·大叶山竹·大叶藤黄（原产中国、印度、泰国、马来西亚）*Garcinia xanthocymus*

藤黄科常绿小乔木

粉红香果树

- ●**别名**：书带木。
- ●**植物分类**：香果树属、书带木属（*Clusia*）。
- ●**产地**：美洲热带地区。园艺景观零星栽培。
- ●**形态特征**：株高可达4米，老树有悬垂细长气根。叶对生，倒卵形，先端圆，全缘，厚革质。夏季开花，花冠白色，略带粉红。核果球形。园艺栽培种有斑叶香果树（斑叶书带木）、黄斑香果树（黄斑书带木），叶面具有金黄或乳黄色斑纹。
- ●**用途**：园景树、行道树。
- ●**生长习性**：中性植物，偏阳性。性喜高温、湿润、向阳之地，生长适宜温度23～32℃，日照60%～100%。生性强健，生长缓慢，耐热、耐旱、抗风。
- ●**繁育方法**：播种、高压法，春、夏季为适期。
- ●**栽培要点**：栽培介质以沙质壤土为佳。春、夏季生育期施肥2～3次。生长缓慢，尽量少修剪，欲促其长高，可修剪主干下部侧枝。成树移植之前需断根处理。

藤黄科常绿乔木

山竹类

- **植物分类**：藤黄属（Garcinia）。
- **产地**：亚洲热带地区。

1. **山竹**：别名凤果、倒捻子。热带经济果树，常绿中乔木。园艺观赏零星栽培。株高可达12米，具黄色乳汁。叶对生，长椭圆形，先端短尖，全缘，厚革质。春季开花，花冠黄红色。浆果扁球形或球形，果径4～6厘米，熟果紫黑色，种皮乳白色，酸甜适中，可食用。

2. **爪哇山竹**：别名爪哇凤果、大叶凤果。热带果树，常绿中乔木。园艺观赏零星栽培。株高可达15米。叶对生，椭圆形，先端锐，全缘，革质。春、夏季开花，花冠黄色。浆果球形，果径2～3厘米，熟果黄色，可食用。

3. **蛋树**：别名大叶山竹、大叶藤黄。热带果树，常绿小乔木。园艺观赏零星栽培。株高可达9米，干通直。叶对生，长椭圆形或长卵形，先端突尖，全缘，革质。聚伞花序，花冠淡绿色。浆果球形，果顶有短尖，熟果黄色，果肉淡黄色，具胶质，味酸，可生食或制果汁。

- **用途**：园景树。成熟果实可生食或制果汁、果酱。山竹药用可治腹泻、大肠炎、慢性胃肠疾病等。
- **生长习性**：阳性植物。性喜高温、湿润、向阳之地，生长适宜温度25～33℃，日照80％～100％。生长缓慢，耐热不耐寒。
- **繁育方法**：播种法，成熟种子现采即播。
- **栽培要点**：直根系细根少，不耐移植。栽培介质以沙质壤土为佳。幼树春、夏季生长期施肥2～3次。山竹幼株到结果需经8～10年，甚至有15年以上才开花结果者。冬季需温暖越冬，避免寒害。

▲山竹·凤果·倒捻子（原产马来西亚）
Garcinia mangostana

▲山竹·凤果·倒捻子（原产马来西亚）
Garcinia mangostana

▲蛋树·大叶山竹·大叶藤黄（原产中国、印度、泰国、马来西亚）*Garcinia xanthocymus*

▲爪哇山竹·爪哇凤果·大叶凤果（原产印度尼西亚爪哇岛）*Garcinia dulcis*

▲ 福木·菲岛福木·福树（原产中国、日本、菲律宾）*Garcinia subelliptica*

▲ 斑叶福木（栽培种）
Garcinia subelliptica 'Variegata'

▲ 满美果·曼密苹果（原产西印度和南美洲）
Mammea americana

藤黄科常绿中乔木

福木

- ●**别名**：菲岛福木、福树。
- ●**植物分类**：藤黄属（*Garcinia*）。
- ●**产地**：菲律宾、日本琉球热带至亚热带地区。园艺景观普遍栽培。
- ●**形态特征**：株高可达16米，主干通直。叶对生，椭圆形或长椭圆形，先端圆钝或微凹，全缘，厚革质。雌雄异株，夏季开花，穗状花序，花冠乳白色，花瓣5枚。浆果扁球形，熟果金黄色。园艺栽培种有斑叶福木，叶片有乳白和红、黄色斑纹。
- ●**用途**：园景树、行道树、绿篱和海岸防风。
- ●**生长习性**：阳性植物。性喜高温、湿润、向阳之地，生长适宜温度23～32℃，日照70%～100%。生性强健，成长缓慢，耐热、耐旱、耐盐，抗风。
- ●**繁育方法**：播种法，春、夏季为适期。
- ●**栽培要点**：栽培介质以沙质壤土为佳。春、夏季施肥2～3次。生长缓慢，尽量少修剪，自然树形为佳。成树移植之前需断根处理。

藤黄科常绿中乔木

满美果

- ●**别名**：曼密苹果。
- ●**植物分类**：满美果属、黄果木属（*Mammea*）。
- ●**产地**：西印度群岛、南美洲热带地区。园艺观赏零星栽培。
- ●**形态特征**：热带果树，株高可达10米。叶对生，倒卵形，先端圆钝或微凹，全缘，厚革质，粉绿色。春季开花，花冠淡绿色。果实球形或扁球形，大如拳头。
- ●**用途**：园景树、行道树。果实成熟可生食、制果汁、果酱。
- ●**生长习性**：阳性植物。性喜高温、湿润、向阳之地，生长适宜温度23～32℃，日照70%～100%。生性强健，生长缓慢，耐热、耐旱、抗风。
- ●**繁育方法**：播种、高压法，春、夏季为适期。
- ●**栽培要点**：栽培介质以沙质壤土为佳。春、夏季生长期施肥2～3次，磷、钾肥偏多，能促进开花结果。幼树生长缓慢，尽量少修剪，植株老化再施以重剪。成树移植之前需断根处理。

藤黄科常绿乔木

铁力木

- ●**植物分类**：铁力木属（*Mesua*）。
- ●**产地**：亚洲南部和东南部热带至亚热带地区。园艺观赏零星栽培。
- ●**形态特征**：株高可达30米，主干直立，幼枝红褐色，老树具板根。叶对生，披针形，先端渐尖，全缘，革质，叶背灰白色，新叶粉红至暗红色。春季开花，顶生或腋生，花冠白色，雄蕊黄色。核果卵状球形，果皮坚硬。
- ●**用途**：园景树。木材坚实，可作建材、器具用材。种子可榨油。
- ●**生长习性**：中性植物，偏阳性。性喜高温、湿润、向阳之地，生长适宜温度23～32℃，日照60%～100%。生性强健，生长缓慢，耐热、耐湿、耐阴。
- ●**繁育方法**：播种法，春、夏季为适期。
- ●**栽培要点**：栽培介质以壤土或沙质壤土为佳。春、夏季生育期施肥2～3次。春季修剪整枝，修剪主干下部侧枝能促进长高。成树移植前需断根处理。

▲铁力木（原产中国、印度和中南半岛、马来半岛）*Mesua ferrea*

使君子科常绿灌木或小乔木

榄李类

- ●**植物分类**：榄李属（*Lumnitzera*）。
- ●**产地**：中国及亚洲、非洲、澳大利亚、大洋洲、太平洋诸岛等热带地区。
- 1.**榄李**：红树林植物。园艺景观零星栽培。株高可达8米，叶倒卵形，先端圆钝或微凹，全缘，肉质。春季开花，穗状花序腋生，小花白色，5瓣。核果长椭圆形。
- 2.**红榄李**：别名红花榄李。红树林植物，株高可达5米，干基有膝状呼吸根。叶倒卵形，先端圆钝或微凹，全缘，肉质。春季开花，总状花序顶生，花冠红色，5瓣。核果纺锤形。
- ●**用途**：园景树、绿篱、海岸防风定砂、诱蝶。木材可制器具。药用可治鹅口疮、疱疹、皮肤病等。
- ●**生长习性**：阳性植物。性喜高温、潮湿至适润、向阳之地，生长适宜温度23～32℃，日照70%～100%。水陆两栖，耐热、耐湿、耐旱、耐盐、抗风。
- ●**繁育方法、栽培要点**：可参照铁力木。

▲榄李（原产中国及亚洲热带地区、非洲和澳大利亚）*Lumnitzera racemosa*

▲红榄李·红花榄李（原产中国及亚洲、大洋洲热带地区）*Lumnitzera littorea*

使君子科落叶乔木

榄仁树类

- **植物分类**：榄仁树属（*Terminalia*）。
- **产地**：亚洲、非洲及澳大利亚和太平洋诸岛等热带地区。

1. **榄仁树**：园艺景观普遍栽培。株高可达10米，侧枝轮生。叶倒卵形，先端圆或小突尖，全缘，革质；冬季低温落叶前，叶片常转紫红色。夏季开花，穗状花序，腋生，花萼瓣状，星形，白色至淡黄色，无花瓣。核果扁椭圆形，侧边有龙骨状突起。

2. **菲律宾榄仁**：别名马尼拉榄仁。园艺景观零星栽培。株高可达15米，侧枝轮生。叶椭圆形，先端短尖，全缘，革质。夏季开花，穗状花序，腋生，小花淡黄色。核果扁椭圆形，具3枚半圆形阔翅，成串下垂。

3. **小叶榄仁**：园艺景观普遍栽培。株高可达15米，侧枝轮生，呈水平开展，风格独具。叶提琴状倒卵形，先端钝圆或微凹，全缘，革质。穗状花序腋生，小花淡黄色。核果卵形。园艺栽培种称锦叶榄仁，叶面具乳白色或乳黄色斑纹，新叶粉红色，颇为优雅。

- **用途**：园景树、行道树。榄仁树为优良海岸防风树。木材可作建材、制器具。药用可治肺病。
- **生长习性**：阳性植物。性喜高温、湿润、向阳之地，生长适宜温度23～32℃，日照70%～100%。生性强健，生长快速，耐热、耐旱、耐盐，抗风。
- **繁育方法**：播种法，春、夏季为适期。
- **栽培要点**：栽培介质以壤土或沙质壤土为佳。春、夏季施肥2～3次。自然树形美观，主干避免修剪；修剪下部侧枝能促进长高。成树移植前需断根处理。

▲ 榄仁树（原产中国及亚洲热带地区）
Terminalia catappa

▲ 菲律宾榄仁·马尼拉榄仁（原产亚洲热带地区）
Terminalia calmansanai

▲ 锦叶榄仁（栽培种）
Terminalia mantaly 'Tricolor'

使君子科常绿灌木或小乔木

钮子树

● **别名**：锥果木。

● **植物分类**：钮子树属、锥果木属（*Conocarpus*）。

● **产地**：美洲、非洲热带地区。园艺景观零星栽培。

● **形态特征**：红树林植物，株高可达4米，全株银白色，幼枝密被茸毛。叶互生，倒卵状披针形，先端有小突尖，全缘，革质，两面密被银白色绢毛。头状圆锥花序，顶生或腋生。果实球形，暗褐色，酷似圆形纽扣。园艺栽培种称绿钮树，叶片绿色。

● **花、果期**：夏、秋季开花结果。

● **用途**：水陆两栖，适作园景树、绿篱和海岸绿化防风定砂。

● **生长习性**：阳性植物。性喜高温、潮湿至适润、向阳之地，生长适宜温度22～32℃，日照70%～100%。生性强健，耐热、耐湿、耐旱，耐盐，抗风。

● **繁育方法**：播种、扦插或高压法，春、夏季为适期。

● **栽培要点**：栽培介质以沙质壤土为佳。每季施肥1次，促使枝叶茂密。春季修剪整枝。成树移植之前需断根处理。

▲ 钮子树·锥果木（原产美洲和东非、西非热带地区）*Conocarpus erectus*

▲ 钮子树·锥果木（原产美洲和东非、西非热带地区）*Conocarpus erectus*

▲ 小叶榄仁（原产非洲热带地区）
Terminalia mantaly

▲ 绿钮树（栽培种）
Conocarpus erectus 'Viridant'

▲ 五桠果·第伦桃（原产中国、印度、马来西亚、印度尼西亚爪哇岛、菲律宾） *Dillenia indica*

▲ 昆士兰五桠果·厚叶黄花树（原产澳大利亚昆士兰） *Dillenia alata*

第伦桃科常绿乔木

五桠果类

- ●**植物分类**：五桠果属、第伦桃属（*Dillenia*）。
- ●**产地**：亚洲、澳大利亚热带至亚热带地区。
- 1.**五桠果**：别名第伦桃。热带果树。园艺景观普遍栽培。株高可达15米。叶互生，椭圆状披针形，先端渐尖，锯齿缘，叶脉整齐而明显，革质。春、夏季开花，头状花序，腋生，花冠白色，花瓣5枚，肉质。浆果球形，果径可达12厘米，果实包被肥大肉质纤维萼片，果肉含透明黏液。种子肾形。
- 2.**昆士兰五桠果**：别名厚叶黄花树。园艺观赏零星栽培。株高可达12米以上。叶互生，椭圆状披针形，先端锐或渐尖，疏锯齿状缘，革质。春、夏季开花，腋生，花冠黄色，雄蕊红色。果实球形，熟果红色，开裂呈多角星形，大形、肥厚萼片宿存。
- ●**用途**：园景树、行道树。五桠果肥大肉质萼片可制果汁、果酱。药用可解渴、止咳。
- ●**生长习性**：阳性植物。性喜高温、湿润、向阳之地，生长适宜温度23～32℃，日照70%～100%。生性强健，耐热、耐旱，冬季低温期有局部落叶现象，栽培地点力求温暖避风。
- ●**繁育方法**：播种法，春季为适期，成熟种子现采即播发芽率高。
- ●**栽培要点**：栽培介质以壤土或沙质壤土为佳。幼树春、夏季施肥2～3次。春季或果后修剪整枝。成树移植之前需断根处理。

▲ 黄心柿·黄心仔（原产中国及澳大利亚、新几内亚、菲律宾、日本） *Diospyros maritima*

▲ 象牙树柿·乌皮石茶（原产中国及澳大利亚、印度、马来西亚、日本） *Diospyros ferrea*

▲ 毛柿·台湾黑檀（原产中国及菲律宾、印度尼西亚爪哇岛、泰国） *Diospyros blancoi*（*Diospyros discolor*）

柿树科常绿乔木

柿树类

● **植物分类**：柿树属（*Diospyros*）。

● **产地**：广泛分布亚洲、美洲、澳大利亚、太平洋诸岛等热带、亚热带至温带地区。

1. **柿**：别名红柿。经济果树，落叶乔木。园艺果树大量栽培。株高可达10米。叶互生，广椭圆形，先端尖，全缘，纸质。春季开花，雌雄异株，雌花壶形，黄绿色。浆果有球形、扁球形、方形等，熟果橙黄转橙红色，可食用。园艺栽培种如富有、次郎、伊豆等各种甜柿，含可溶性单宁0.5%以下，成熟后不需脱涩即可食用。

2. **乌柿**：别名黑檀。常绿小乔木。园艺观赏零星栽培。株高可达5米，叶互生，长椭圆形或披针形，先端钝或渐尖，全缘，革质。春、夏季开花，花冠淡黄色。浆果扁球形，果径4～6厘米，熟果橙红色。生长缓慢，树冠浓密抗风。

3. **兰屿柿**：常绿小乔木。台湾特有植物，原生于兰屿山区阔叶林中。园艺景观零星栽培。株高可达3米，全株光滑，枝叶茂密。叶互生，长椭圆形或披针状长椭圆形，先端钝，全缘，革质。春季开花，雌雄异株或同株，聚伞花序，腋生，小花白、紫褐色。浆果卵球形，果径1～1.5厘米，熟果黄绿色。树冠圆整，枝叶小而浓密，观赏价值高。

4. **毛柿**：别名台湾黑檀。常绿大乔木。园艺景观普遍栽培。株高可达20米，全株密被黄褐色柔毛。叶互生，长椭圆状披针形，先端尖，全缘，革质。夏季开花，雌雄异株，总状花序，腋生，花冠乳白色。浆果扁球形，果径5～8厘米，熟果橙红至暗紫红色，除涩后可食用。生长缓慢，耐阴、抗风。木材坚重，为名贵黑檀木之一，可制作高级工艺品。

5. **象牙树柿**：别名乌皮石苓。常绿小乔木。园艺景观普遍栽培。株高可达5米，小枝散生皮孔，树皮黑褐色。叶互生，倒卵形，先端圆或略凹，全缘略反卷，厚革质。春、夏季开花，雌雄异株，总状花序，雄花壶形或钟形，乳白或淡黄色。浆果椭圆形，果径0.6～1厘米，先端有小突尖，熟果橙黄转黑红色。心材黑色，可作印材、雕刻之用。

6. **黄心柿**：别名黄心仔。常绿小乔木。园艺景观零星栽培。株高可达3米，幼枝有毛，树干内皮金黄色。叶互生，长椭圆形或倒卵状椭圆形，先端钝，全缘，革质。花腋生，花冠白色。浆果扁球形，果径1.5～2.2厘米，先端有小突尖，熟果橙黄色。

▲ 柿·红柿（原产中国）
Diospyros kaki

▲ 甜柿（栽培种）
Diospyros kaki ‘Fuyu’

▲ 乌柿·黑檀（原产中美洲）
Diospyros digyna

▲ 兰屿柿（原产中国台湾）
Diospyros kotoensis

▲ 小果柿·红紫檀·枫港柿（原产中国）
Diospyros vaccinioides

▲ 乌柿·金弹子（原产中国）
Diospyros cathayensis

▲ 洋胡颓子·速生胡颓子（杂交种）
Elaeagnus × ebbingei

7.**小果柿**：别名红紫檀、枫港柿。常绿小乔木。园艺景观普遍栽培。株高可达4米，小枝被短柔毛。叶互生，椭圆形或长卵形，先端突尖，全缘，革质，幼叶红褐色，叶背灰白色，革质富光泽。夏季开花，雌雄异株，聚伞花序，腋生，小花淡黄色。浆果卵形，果径0.5～0.8厘米，熟果黑色。枝叶小而细致，可作绿篱、修剪造型，也可作高级盆景等。

8.**乌柿**：别名金弹子。常绿小乔木。园艺观赏零星栽培。株高可达3米，叶互生，长椭圆形或倒披针形，全缘，革质。春季开花，雌雄异株，圆锥花序，腋生。核果扁球形，果径2～3厘米，黄橙色，玲珑可爱，熟果可食用。

●**用途**：园景树、行道树、海岸防风树、诱鸟树。柿子药用可治肺热咳嗽、喉咙干痛、咯血、口疮等。

●**生长习性**：阳性植物。性喜温暖至高温、湿润、向阳之地，生长适宜温度18～30℃，日照70%～100%。生性强健，耐热、耐寒、耐旱，耐贫瘠。

●**繁育方法**：播种法为主（枫港柿可用扦插法），春、夏季为适期。

●**栽培要点**：栽培介质以壤土或沙质壤土为佳。春、夏季施肥2～3次。落叶后或果后修剪整枝，生长缓慢，不宜重剪或强剪。成树移植前需断根处理。

▲ 中斑洋胡颓子（栽培种）
Elaeagnus × ebbingei 'Maculata'

胡颓子科常绿灌木或小乔木

胡颓子类

● **植物分类**：胡颓子属（*Elaeagnus*）。

● **产地**：亚洲东北部亚热带至暖带地区。

1. **福建胡颓子**：别名椬梧、柿糊。常绿灌木或小乔木。园艺景观普遍栽培。株高可达2.5米，小枝疏生长刺。叶倒卵形或倒长卵形，先端钝圆或微凹，全缘，薄革质，叶背有银色痂鳞。冬季开花，短总状花序，簇生叶腋，小花银白色。核果卵球形，熟果暗红色，可食用。生性强健，耐旱、耐盐。园艺栽培种有斑叶福建胡颓子，叶片有黄色斑纹。

2. **胡颓子**：常绿灌木。园艺观赏零星栽培。株高可达2.5米，叶长椭圆形或倒卵形，波状缘，革质，叶背密被银色痂鳞。春季开花，簇生叶腋，小花淡黄色。浆果卵形，熟果橙红色，可食用。园艺栽培种有斑叶胡颓子、中斑胡颓子，叶片具淡绿和黄色斑纹。

3. **洋胡颓子**：别名速生胡颓子。常绿灌木，杂交种。园艺观赏零星栽培。株高可达2米，叶互生，椭圆形或卵形，先端钝或锐尖，全缘，厚革质，叶背有银色痂鳞。春季开花，簇生叶腋，小花灰白色。园艺栽培种有中斑洋胡颓子，叶面有黄色斑纹。

● **用途**：园景树、绿篱、盆栽。福建胡颓子药用可治神经痛、风湿痛、肾亏腰酸、月内风、脑膜炎等。

● **生长习性**：阳性植物，日照70%～100%。福建胡颓子、胡颓子性喜温暖耐高温，生长适宜温度18～30℃。洋胡颓子生长适宜温度15～25℃，夏季需凉爽通风越夏。

● **繁育方法**：播种、扦插或高压法，春、秋季为适期。

● **栽培要点**：栽培介质以壤土或沙质壤土为佳。生长期间每1～2个月施肥1次。花、果后修剪整枝，绿篱随时做必要之修剪。

▲ 福建胡颓子·椬梧·柿糊（原产中国）
Elaeagnus oldhamii

▲ 斑叶福建胡颓子（栽培种）
Elaeagnus oldhamii 'Variegata'

▲ 胡颓子（原产中国、日本）
Elaeagnus pungens

▲ 中斑胡颓子（栽培种）
Elaeagnus pungens 'Maculata'

▲ 斑叶胡颓子（栽培种）
Elaeagnus pungens 'Variegata'

杜英科常绿小乔木

水石榕

- ●**植物分类**：杜英属、胆八树属（*Elaeocarpus*）。
- ●**产地**：中国及越南、泰国等热带地区。园艺景观零星栽培。
- ●**形态特征**：株高可达7米，幼枝细软。叶互生或丛生枝端，披针形，先端渐尖，细锯齿缘，革质，老叶落叶前转红色。总状花序，腋生，花冠白色，花瓣先端细裂成芒状，萼片粉红色。核果长卵状纺锤形，果柄有卵状苞片宿存。
- ●**花期**：春、夏季开花。
- ●**用途**：园景树、行道树。
- ●**生长习性**：阳性植物。性喜高温、湿润、向阳之地，生长适宜温度22～30℃，日照70%～100%。耐热、耐寒、耐潮湿，池边或近水湿地也能生长。
- ●**繁育方法**：播种法，春季为适期。
- ●**栽培要点**：栽培介质以壤土或沙质壤土为佳。春、夏季生长期施肥2～3次。春季修剪整枝，修剪主干侧枝能促进长高。成树移植前需断根处理。

▲水石榕·海南杜英（原产中国、泰国、越南）
Elaeocarpus hainanensis

杜英科常绿中乔木

锡兰橄榄

- ●**植物分类**：杜英属、胆八树属（*Elaeocarpus*）。
- ●**产地**：亚洲西南部热带地区。园艺景观普遍栽培。
- ●**形态特征**：株高可达10米。叶互生，长椭圆形或披针形，先端尖，疏锯齿缘，革质，老叶红焰。夏季开花，总状花序，腋生或顶生，小花黄绿色。果实椭圆形，黄绿色。果核纺锤形，两端钝圆。
- ●**用途**：园景树、行道树。果实酷似橄榄，但不是真正的橄榄（原产中国的橄榄果核两端锐尖），果肉少而味酸涩，但仍可加工制蜜饯。药用可治胃病、筋骨酸痛、小便白浊、风寒湿痹。
- ●**生长习性**：阳性植物。性喜高温、湿润、向阳之地，生长适宜温度23～32℃，日照70%～100%。生性强健，耐热、耐旱、耐湿。
- ●**繁育方法**：播种法，春季为适期。
- ●**栽培要点**：栽培介质以沙质壤土为佳。年中施肥3～4次。春季修剪整枝。成树移植前需断根处理。

▲锡兰橄榄·锡兰杜英（原产印度、斯里兰卡、马来西亚）*Elaeocarpus serratus*

杜英科常绿乔木

山杜英

- **别名**：杜莺。
- **植物分类**：杜英属、胆八树属（*Elaeocarpus*）。
- **产地**：亚洲西南部、东北部及亚热带至暖带地区。园艺景观普遍栽培。
- **形态特征**：株高可达20米。叶互生或丛生枝端，长椭圆状披针形，先端渐尖，疏钝锯齿缘，老叶落叶前转红色。春、夏季开花，总状花序腋生，小花乳白色，花瓣先端细裂呈芒状。核果椭圆形，熟果蓝黑色。
- **用途**：园景树、行道树。果实可食用。木材可制家具、香菇段木。
- **生长习性**：阳性植物，幼树耐阴。性喜温暖至高温、湿润、向阳之地，生长适宜温度15～28℃，日照70%～100%。近山区生育良好，近海冬季生长不良。
- **繁育方法**：播种、扦插法，春季为适期。
- **栽培要点**：栽培介质以壤土或沙质壤土为佳。幼树年中施肥3～4次。成树移植前需断根处理。

▲山杜英·杜莺（原产中国、印度、日本）
Elaeocarpus sylvestris

杜仲科落叶乔木

杜仲

- **植物分类**：杜仲属（*Eucommia*）。
- **产地**：中国华中暖带至温带地区。园艺观赏零星栽培。
- **形态特征**：株高可达18米，树皮、枝、叶、根均具有银白色橡胶，折断有丝（辨识杜仲主要特征）。叶互生，椭圆形或卵状椭圆形，先端渐尖，细锯齿缘，纸质。雌雄异株，雄花簇生，雌花单生。翅果长椭圆形，扁平。
- **花期**：春、夏季开花。
- **用途**：园景树、幼树盆栽。树皮为名中药，具补肝肾壮筋骨之效。
- **生长习性**：阳性植物。性喜温暖、湿润、向阳之地，生长适宜温度15～26℃，日照70%～100%。耐寒不耐热，高冷地或中海拔栽培为佳，平地夏季高温生育迟缓或不良。
- **繁育方法**：播种、扦插法，春季为适期。
- **栽培要点**：栽培介质以偏碱性之沙质壤土为佳。幼树年中施肥3～4次。夏季需通风、凉爽越夏。

▲杜仲（原产中国）
Eucommia ulmoides

▲ 石栗·烛果树·油桃（原产马来西亚、菲律宾和夏威夷）*Aleurites moluccana*

石栗

- ●**别名**：烛果树、油桃。
- ●**植物分类**：石栗属（*Aleurites*）。
- ●**产地**：马来西亚、菲律宾和夏威夷等热带地区。园艺景观零星栽培。
- ●**形态特征**：株高可达15米。叶互生，幼树掌状深裂，3～7裂；成树长卵形，先端渐尖；全缘或锯齿缘，纸质，幼叶两面被毛。圆锥花序，顶生，花冠乳白色。核果球形，略具4凹沟，种子坚硬如石。
- ●**用途**：园景树、行道树。种子可榨取食用油、制肥皂。药用可治胃痛、痢疾、白浊、闭经。
- ●**生长习性**：阳性植物。性喜高温、湿润、向阳之地，生长适宜温度23～32℃，日照70%～100%。生长快速，耐热、耐旱、耐瘠。
- ●**繁育方法**：播种法，春季为适期。
- ●**栽培要点**：栽培介质以壤土或沙质壤土为佳。幼树每季施肥1次。春季修剪整枝。成树移植之前需断根处理。

▲ 秋枫·常绿重阳木（原产亚洲热带地区、澳大利亚）*Bischofia javanica*

秋枫

- ●**别名**：常绿重阳木。
- ●**植物分类**：重阳木属（*Bischofia*）。
- ●**产地**：亚洲及澳大利亚、大洋洲等热带地区。园艺景观普遍栽培。
- ●**形态特征**：株高可达30米，全株光滑。叶互生，三出复叶，小叶卵形或卵状椭圆形，先端突尖，钝锯齿缘，厚膜质。雌雄异株，圆锥花序，腋生，小花黄绿色。浆果球形，熟果褐色，可食用。园艺栽培种有斑叶秋枫，叶面有白色斑纹。
- ●**用途**：园景树、行道树、诱鸟树。木材可制家具、作建材。药用可治胃炎、肺炎、风湿关节炎等。
- ●**生长习性**：阳性植物。性喜高温、湿润、向阳之地，生长适宜温度22～32℃，日照70%～100%。树性强健，生长快速，耐热、耐旱，抗风、抗污染。
- ●**繁育方法**：播种法，春、秋季为适期。
- ●**栽培要点**：栽培介质以壤土或沙质壤土为佳。幼树春季至秋季施肥3～4次。春季修剪整枝，修剪主干下部侧枝能促进长高。成树移植前需断根处理。

▲ 斑叶秋枫（栽培种）
Bischofia javanica 'Variegata'

大戟科落叶灌木或小乔木

麻风树类

- ●**植物分类**：麻风树属（*Jatropha*）。
- ●**产地**：美洲热带地区。
- 1.**麻风树**：常绿小乔木。园艺观赏零星栽培。株高可达2.5米，干肥厚。叶心形，3～5浅裂，裂片先端尖，全缘，膜质。聚伞花序，花冠黄绿色。蒴果卵形，6棱状。园艺栽培种有锦叶麻风树，叶面具白、红、黄色斑纹。
- 2.**红叶麻风树**：别名棉叶麻风树、落叶灌木。园艺观赏零星栽培。株高可达1.5米，叶掌状3～5深裂，叶柄、叶背、新叶为红紫色，膜质。聚伞花序，花冠赭红色。蒴果卵形，具6纵棱。
- ●**用途**：园景美化、大型盆栽。种子有毒，不可误食。麻风树种子可榨油制肥皂、油漆，药用作泻剂。
- ●**生长习性**：阳性植物。性喜高温、湿润、向阳之地，生长适宜温度23～32℃，日照70%～100%。
- ●**繁育方法**：播种或扦插法，春、夏季为适期。
- ●**栽培要点**：栽培介质以沙质壤土为佳。春、夏季施肥2～3次。冬季落叶后整枝，植株老化施以强剪。

大戟科常绿小乔木

滨核果木

- ●**别名**：铁色树。
- ●**植物分类**：核果木属（*Drypetes*）。
- ●**产地**：中国、菲律宾热带地区。园艺景观普遍栽培。
- ●**形态特征**：株高可达4米，全株光滑。叶互生，歪长椭圆形或歪长椭圆状卵形，弯刀状，左右不对称，先端尖或钝，全缘，厚革质。雌雄异株，总状花序或单生，小花黄绿色。核果椭圆形，熟果红色。
- ●**花期**：夏季开花。
- ●**用途**：园景树、行道树、海岸防风树，可在中庭或荫蔽地作美化树种。果枝可作花材。
- ●**生长习性**：中性植物。性喜高温、湿润、向阳至荫蔽之地，生长适宜温度22～32℃，日照50%～100%。生性强健，耐热、耐旱、极耐阴，抗风。
- ●**繁育方法**：播种法，春季为适期。
- ●**栽培要点**：栽培介质以壤土或沙质壤土为佳。春季至秋季施肥3～4次。生长缓慢，避免重剪或强剪。成树移植前需断根处理。

▲麻风树（原产美洲热带地区）
Jatropha curcas

▲锦叶麻风树（栽培种）
Jatropha curcas 'Tricolor'

▲红叶麻风树·棉叶麻风树（原产巴西）
Jatropha gossypiifolia

▲滨核果木·铁色树（原产中国、菲律宾）
Drypetes littoralis

▲ 印度无忧树·无盘核果木（原产印度及东南亚）
Drypetes roxburghii

大戟科常绿大乔木
印度无忧树

- **别名**：无盘核果木。
- **植物分类**：核果木属（*Drypetes*）。
- **产地**：亚洲南部、西南部热带地区。园艺景观零星栽培。
- **形态特征**：株高可达20米以上，幼枝被毛。叶互生，长椭圆形或椭圆状披针形，基歪，先端钝，波状细锯齿缘，薄革质。春季开花，腋生，小花淡白色。核果卵形，果表密生细茸毛。成树枝叶浓密，绿荫遮天，为优良的遮阳树。
- **用途**：园景树、行道树。
- **生长习性**：阳性植物。性喜高温、湿润、向阳之地，生长适宜温度23～32℃，日照70%～100%。生性强健，耐热、耐旱，抗风。
- **繁育方法**：播种法，春季为适期。
- **栽培要点**：栽培介质以壤土或沙质壤土为佳。春至秋季生育期施肥3～4次。春季修剪整枝，修剪主干下部侧枝能促进长高。成树移植前需断根处理。

▲ 紫锦木·非洲红·肖黄栌·红乌桕（原产美洲热带地区）*Euphorbia cotinifolia*

大戟科常绿大灌木或小乔木
紫锦木

- **别名**：非洲红、肖黄栌、红乌桕。
- **植物分类**：大戟属（*Euphorbia*）。
- **产地**：中美洲、西印度热带地区。园艺景观普遍栽培。
- **形态特征**：株高可达3米，全株紫红色，全株有白色乳液。叶轮生，阔卵形，先端钝，全缘，纸质。大戟花序伞形，顶生，小花黄色。蒴果球形。
- **花期**：全年见花，春、夏季盛开。
- **用途**：园景树、大型盆栽。白色乳液有毒，皮肤过敏者接触会红肿发炎、起疱。
- **生长习性**：阳性植物。性喜高温、湿润、向阳之地，生长适宜温度23～32℃，日照70%～100%。生性强健，耐热、耐旱、不耐阴。
- **繁育方法**：扦插法，春季为适期。
- **栽培要点**：栽培介质以壤土或沙质壤土为佳。春、夏季施肥2～3次。早春修剪整枝，植株老化施以重剪或强剪，修剪时避免乳汁接触皮肤。

大戟科常绿小乔木

白树类

● **植物分类**：白树属（*Gelonium*）。

● **产地**：亚洲热带地区。

1. **白树**：台湾特有植物，原生于恒春半岛、兰屿滨海地区。园艺景观零星栽培。株高可达5米，树皮灰白色。叶互生，椭圆形或倒卵形，先端钝或圆，全缘，革质。雌雄异株，小花黄白色。蒴果扁球形，具3或5纵沟，熟果橙红色。

2. **长叶白树**：株高可达5米，树皮灰白色。叶互生，长椭圆形或倒披针形，先端钝、圆或渐尖，全缘，革质。花腋生，黄白色。园艺栽培种有长叶白斑树，叶面具乳白色斑纹。

● **用途**：园景树、绿篱、海岸防风树。

● **生长习性**：阳性植物。性喜高温、湿润、向阳之地，生长适宜温度22～32℃，日照70%～100%。

● **繁育方法**：播种或扦插法，春季为适期。

● **栽培要点**：栽培介质以沙质壤土为佳。春季至秋季施肥3～4次。春季修剪整枝，绿篱随时做修剪。

▲ 白树（原产中国台湾）
Suregada aequoreum (*Gelonium aequoreum*)

▲ 长叶白树（原产印度及中南半岛和马来西亚）
Suregada multiflora (*Gelonium multiflora*)

大戟科落叶乔木

橡胶木薯

● **别名**：萨拉橡胶树。

● **植物分类**：木薯属（*Manihot*）。

● **产地**：南美洲巴西热带地区。园艺观赏零星栽培。

● **形态特征**：株高可达6米，枝干被白粉，质嫩脆，全株具白色乳液。叶互生，掌状3～7深裂，裂片倒卵形或椭圆形，先端突尖或渐尖，全缘，纸质。圆锥花序，腋生，小花淡黄色。蒴果圆形。

● **花期**：春末至夏季开花。

● **用途**：园景树。树汁可制橡胶。

● **生长习性**：阳性植物。性喜高温、湿润、向阳之地，生长适宜温度22～32℃，日照70%～100%。耐热不耐寒、耐旱，不耐风。

● **繁育方法**：播种或扦插法，春、夏季为适期。

● **栽培要点**：栽培介质以沙质壤土为佳。春、夏季施肥2～3次。落叶后修剪整枝。冬季需温暖、避风越冬。

▲ 长叶白斑树（栽培种）*Suregada multiflora* 'Variegata' (*Gelonium multiflora* 'Variegata')

▲ 橡胶木薯·萨拉橡胶树（原产巴西）
Manihot glaziovii

▲ 橡胶树（原产巴西）
Hevea brasiliensis

大戟科落叶乔木

橡胶树

- ●植物分类：橡樛树属（*Hevea*）。
- ●产地：原产南美洲巴西热带地区。马来西亚、印度尼西亚爪哇岛、斯里兰卡等广泛栽培。园艺观赏零星栽培。
- ●形态特征：株高可达10米，枝干具丰富白色乳汁。叶互生，三出复叶，小叶椭圆形，先端尖，全缘，革质。春、夏季开花，圆锥状聚伞花序，腋生，小花黄绿色。蒴果由绿转黑褐色。
- ●用途：园景树。树干可采收乳液，可制天然橡胶，为高级经济作物之一。寿命可达200年。
- ●生长习性：阳性植物。性喜高温、湿润、向阳之地，生长适宜温度23~32℃，日照70%~100%。耐热不耐寒、耐旱。
- ●繁育方法：播种或高压法，春季为适期。
- ●栽培要点：栽培介质以沙质壤土为佳。春、夏季施肥2~3次。落叶后修剪整枝，修剪主干下部侧枝能促进长高。冬季需温暖、避风越冬。

大戟科常绿乔木

沙盒树

- ●别名：沙箱树、虎拉。
- ●植物分类：沙盒树属（*Hura*）。
- ●产地：美洲热带地区。园艺景观零星栽培。
- ●形态特征：株高可达10米，干直，具黑刺，树冠伞形。叶互生，长卵形或心形，先端尾尖，疏锯齿缘，薄革质。圆锥状聚伞花序，顶生，花冠矛状，红绿色。蒴果扁球形。
- ●花期：春末至夏季开花。
- ●用途：园景树、行道树。乳汁有毒，不可误食。木材可制器具。
- ●生长习性：阳性植物。性喜高温、湿润、向阳之地，生长适宜温度22~32℃，日照70%~100%。
- ●繁育方法：播种或高压法，春、夏季为适期。
- ●栽培要点：栽培介质以沙质壤土为佳。春、夏季施肥2~3次。春季修剪整枝，修剪主干下部侧枝能促进长高。成树移植前需断根处理。

▲ 沙盒树·沙箱树·虎拉（原产美洲热带地区）
Hura crepitans

大戟科常绿小乔木

西印度醋栗

- **别名**：小余甘子。
- **植物分类**：叶下珠属（*Phyllanthus*）。
- **产地**：非洲热带地区。园艺观赏零星栽培。
- **形态特征**：热带果树，株高可达3米，枝干质脆。羽状复叶，小叶卵形至长卵形，先端尖，全缘，膜质。成熟枝干开花，短圆锥花序，小花红色。核果扁球形，具凸棱，淡黄绿色，形似油甘。
- **花、果期**：夏、秋季开花结果。
- **用途**：园景树、果树。果实味酸，可生食、制蜜饯或菜肴调味。
- **生长习性**：阳性植物。性喜高温、湿润、向阳之地，生长适宜温度23～32℃，日照70%～100%。树性强健，生长快速，中国台湾中、南部生育良好。
- **繁育方法**：扦插或高压法。春、夏季为适期。
- **栽培要点**：栽培介质以壤土或沙质壤土为佳。春季至秋季施肥3～4次。开花、结果常在成熟枝干，树势不良可修剪调整，但避免修剪老干或强剪。

▲西印度醋栗·小余甘子（原产马达加斯加）
Phyllanthus acidus (*Cicca acida*)

大戟科落叶乔木

油甘

- **别名**：油柑、余甘子。
- **植物分类**：叶下珠属（*Phyllanthus*）。
- **产地**：亚洲和中国热带至亚热带地区。园艺景观零星栽培。
- **形态特征**：热带果树，株高可达5米。羽状复叶，互生，小叶2列，线状长椭圆形，先端圆钝，基歪。花簇生叶腋，黄绿色，花瓣退化。浆果球形或扁球形，硬肉质，6瓣状，熟果黄白色。果实味酸涩，入喉后转为甘甜。
- **花期**：春季开花。
- **用途**：园景树、果树。果实可生食或制蜜饯，种子可榨油。药用可治肠炎、支气管炎、胃炎、哮喘。
- **生长习性**：阳性植物。性喜高温、湿润、向阳之地，生长适宜温度20～30℃，日照70%～100%。
- **繁育方法**：播种、扦插或高压法，春季为适期。
- **栽培要点**：栽培介质以沙质壤土为佳。幼树春、夏季施肥3～4次，成树磷、钾肥偏多有益结果。果后或冬季落叶后修剪整枝。成树移植前需断根处理。

▲油甘·油柑·余甘子（原产亚洲热带地区及中国热带地区）*Phyllanthus emblica*

▲ 锡兰叶下珠（原产印度、斯里兰卡）
Phyllanthus myrtifolius

▲ 锡兰叶下珠（原产印度、斯里兰卡）
Phyllanthus myrtifolius

▲ 越南叶下珠·乌蝇翼（原产中国、印度和中南半岛）*Phyllanthus cochinchinensis*

大戟科常绿灌木

叶下珠类

- **植物分类**：叶下珠属（*Phyllanthus*）。
- **产地**：亚洲西南部热带地区。
- 1.**锡兰叶下珠**：园艺景观普遍栽培。株高可达1.5米，枝条细长柔软下垂。叶互生，镰刀状，先端圆钝，全缘。春季开花，聚伞花序，腋生，小花紫红色。蒴果细小如珠，扁圆球形。
- 2.**越南叶下珠**：别名乌蝇翼。园艺观赏零星栽培。株高可达2米，小枝细长下垂。叶互生，小叶椭圆形或倒卵状长椭圆形，先端圆钝，全缘。聚伞花序，簇生叶腋。
- **用途**：园景树、绿篱以及石景间植、盆栽。
- **生长习性**：阳性植物。性喜高温、湿润、向阳之地，生长适宜温度23～30℃，日照70%～100%。生性强健，耐热、耐旱、耐瘠。
- **繁育方法**：扦插或高压法，春季为适期。
- **栽培要点**：栽培介质以壤土或沙质壤土为佳。春、夏季施肥2～3次，氮肥偏多枝叶翠绿。植株老化施以重剪或强剪，绿篱随时做必要之修剪。

大戟科落叶中乔木

乌桕

- **别名**：琼仔。
- **植物分类**：乌桕属（*Sapium*）。
- **产地**：中国热带至暖带地区。园艺景观普遍栽培。
- **形态特征**：株高可达15米，具白色乳汁。叶互生，菱形或菱状卵形，先端突尖，全缘，膜质。葇荑花序顶生，小花黄绿色。蒴果球状椭圆形，熟果黑色，假种皮含蜡质。冬季落叶前叶转暗红色。
- **花期**：春、夏季开花。
- **用途**：园景树、行道树。假种皮可采蜡，供制肥皂、蜡烛；叶可制黑色染料。药用可治阴道炎、疮疡、皮肤病、跌打损伤。
- **生长习性**：阳性植物。性喜高温、湿润、向阳之地，生长适宜温度20～30℃，日照70%～100%。生性强健粗放，生长快速，耐热也耐寒、耐旱、耐瘠。
- **繁育方法**：播种、扦插或高压法，春季为适期。
- **栽培要点**：栽培介质以沙质壤土为佳。春、夏季施肥2～3次。落叶后修剪整枝，植株老化施以重剪。

▲乌桕・琼仔（原产中国）
Sapium sebiferum

▲乌桕・琼仔（原产中国）
Sapium sebiferum

蝶形花科落叶乔木

粉妆树

- **植物分类**：粉妆树属（*Andira*）。
- **产地**：中美洲、非洲热带地区。园艺观赏零星栽培。
- **形态特征**：株高可达10米，树冠球形或伞形。奇数羽状复叶，小叶披针形或长椭圆形，先端尾尖或突尖，全缘，薄革质。总状花序，顶生，蝶形花冠，粉红色，小花多数聚生成团。荚果扁平。
- **花期**：春、夏季开花。
- **用途**：园景树、行道树。
- **生长习性**：阳性植物。性喜高温、湿润、向阳之地，生长适宜温度23～32℃，日照70%～100%。生性强健，耐热、耐旱、耐瘠。
- **繁育方法**：播种法，春、夏季为适期。
- **栽培要点**：栽培介质以壤土或沙质壤土为佳。幼树春、夏季生育期施肥3～4次。冬季落叶后修剪整枝，修剪主干下部侧枝能促进长高。成树移植之前需断根处理。

▲粉妆树（原产美洲及西非和墨西哥热带地区）
Andira inermis

▲ 剑木豆（原产非洲热带地区）
Baphia nitida

蝶形花科常绿灌木

剑木豆

● **植物分类**：剑木豆属（*Baphia*）。
● **产地**：非洲热带地区。园艺观赏零星栽培。
● **形态特征**：株高可达3米，近基部常有分歧，枝干细直。叶互生，长椭圆形或卵状长椭圆形，先端突尖，全缘，薄革质。短总状花序，腋生，花冠蝶形，白色，中心淡黄。荚果倒披针形，扁平。
● **花期**：夏季开花。
● **用途**：园景树、绿篱。
● **生长习性**：阳性植物。性喜高温、湿润、向阳之地，生长适宜温度23～32℃，日照70%～100%。耐热、耐旱、耐瘠。
● **繁育方法**：播种、扦插或高压法，春、夏季为适期。
● **栽培要点**：栽培介质以壤土或沙质壤土为佳。春至秋季施肥3～4次。春季修剪整枝，若分枝少，可重剪促进多分侧枝，枝叶更茂盛；绿篱随时做必要之修剪。

▲ 栗豆树·绿元宝（原产澳大利亚）
Castanospermum australe

蝶形花科常绿中乔木

栗豆树

● **别名**：绿元宝。
● **植物分类**：栗豆属（*Castanospermum*）。
● **产地**：澳大利亚及南太平洋诸岛热带地区。园艺观赏普遍栽培。
● **形态特征**：株高可达15米。奇数羽状复叶，小叶披针形或披针状长椭圆形，先端渐尖，全缘，革质。春季开花，短总状花序，腋生或干生，花冠橙红色。荚果长达20厘米，种子椭圆形，大如鸡蛋。
● **用途**：园景树、行道树；幼树盆栽极耐阴，为高级之室内植物。种子可烘烤食用。木材贵重，可作建筑、家具、车船用材等。
● **生长习性**：阳性植物。性喜高温、湿润、向阳之地，生长适宜温度22～30℃，日照70%～100%。生性强健，耐热、耐旱、耐风。中国台湾中、南部生育良好。
● **繁育方法**：播种法，春、秋季为适期。
● **栽培要点**：栽培介质以壤土或沙质壤土为佳。幼树春、夏季生长期施肥3～4次。冬季忌长期潮湿。成树移植之前需断根处理。

蝶形花科常绿乔木

紫铆

- **别名**：胶虫树。
- **植物分类**：紫铆属（*Butea*）。
- **产地**：亚洲热带地区。园艺景观零星栽培。
- **形态特征**：株高可达18米。三出复叶，小叶歪卵形或广卵形，先端钝圆或微凹，全缘，厚纸质。春、夏季开花，总状花序顶生，花冠橙红色。荚果阔线形，扁平。园艺栽培种有黄花紫铆，花冠黄色。
- **用途**：园景树、行道树，为盐地绿化优良树种。紫胶虫寄主树。木材可作建材。药用可治蛇伤。
- **生长习性**：阳性植物。性喜高温、湿润、向阳之地，生长适宜温度22～32℃，日照70%～100%。生性强健，耐热、耐旱、耐盐。
- **繁育方法**：播种、高压法，春、夏季为适期。
- **栽培要点**：栽培介质以壤土或沙质壤土为佳。叶片大，栽培地点要避风。幼树春、夏季施肥3～4次。冬季落叶后修剪整枝。成树移植前需断根处理。

▲ 紫铆·胶虫树（原产亚洲热带地区）
Butea monosperma

▲ 黄花紫铆（栽培种）
Butea monosperma 'Yellow'

蝶形花科常绿灌木

木豆

- **别名**：鸽豆、虫豆。
- **植物分类**：木豆属（*Cajanus*）。
- **产地**：非洲热带地区。
- **形态特征**：株高可达2.5米，全株被柔毛。三出复叶，小叶披针形或长椭圆形，先端渐尖，全缘，纸质。总状花序，顶生，花冠黄或黄橙色。荚果刀形，每荚3～6粒种子，种子球形，略有腥臭味。
- **花期**：春季开花。
- **用途**：园景树。豆仁可食用。枝叶可供家畜饲料、绿肥。药用可治口腔炎、扁桃腺炎、急性热病等。
- **生长习性**：阳性植物。性喜高温、干燥、向阳之地，生长适宜温度20～30℃，日照70%～100%。生性强健粗放，耐热、极耐旱、耐瘠。
- **繁育方法**：播种法，春季为适期。
- **栽培要点**：栽培介质以壤土、沙质壤土或沙砾土均佳，极耐旱，土壤潮湿生育不良。成长期间每个月施肥1次，磷、钾肥偏多有利开花结荚。

▲ 木豆·鸽豆·虫豆（原产非洲）
Cajanus cajan

▲ 印度黄檀·茶檀（原产印度、巴基斯坦）
Dalbergia sissoo

▲ 南岭黄檀（原产中国）
Dalbergia balansae

▲ 阔叶黄檀·印度玫瑰木（原产印度、印度尼西亚
爪哇岛、澳大利亚）*Dalbergia latifolia*

蝶形花科常绿或落叶大乔木

黄檀类

- ●**植物分类**：黄檀属（*Dalbergia*）。
- ●**产地**：澳大利亚及亚洲南部至西南部热带地区。
1. **印度黄檀**：别名茶檀。落叶大乔木。园艺景观普遍栽培。株高可达18米，奇数羽状复叶，小叶广卵形或菱形，先端突尖，全缘，薄革质（近似乌桕）。春末开花，圆锥花序，花冠白或淡黄色。荚果条状披针形，舌状扁平。
2. **南岭黄檀**：别名水相思。常绿大乔木。园艺观赏零星栽培。株高可达15米，奇数羽状复叶，小叶椭圆形或倒卵状椭圆形，先端圆或微凹，全缘。圆锥花序，小花白色。荚果椭圆形至条状披针形，舌状扁平。
3. **阔叶黄檀**：别名印度玫瑰木。常绿大乔木。园艺观赏零星栽培。株高可达20米，奇数羽状复叶，小叶近圆形或倒卵形，先端略凹，波状缘。圆锥花序，花冠白色。荚果薄舌形。
4. **降香黄檀**：别名花梨。半落叶乔木。株高可达20米，奇数羽状复叶，小叶卵形或椭圆形，先端钝或渐尖，近革质。聚伞花序，花冠淡黄或白色。荚果长椭圆形，舌状扁平。
- ●**用途**：园景树、行道树。木材坚韧密致，可制高级家具、器具、雕刻品等。降香黄檀木材可萃取降香油，药用可制镇痛剂。
- ●**生长习性**：阳性植物。性喜高温、湿润、向阳之地，生长适宜温度23～32℃，日照70%～100%。生性强健，成长缓慢，耐热、耐旱。
- ●**繁育方法**：播种法，春、夏季为适期。
- ●**栽培要点**：栽培介质以壤土或沙质壤土为佳。春季至秋季生长期施肥3～4次。春季或落叶后修剪整枝。成树移植之前需断根处理。

▲ 降香黄檀·花梨（原产中国海南岛）
Dalbergia odorifera

蝶形花科落叶大乔木

紫檀类

●植物分类：紫檀属（*Pterocarpus*）。

●产地：亚洲热带地区。

1.菲律宾紫檀：落叶大乔木。园艺景观普遍栽培。株高可达18米，基部有板根。奇数羽状复叶，小叶卵形，先端锐或突尖，全缘，纸质。春、夏季开花，总状花序，花冠黄色。荚果扁圆形，中间部分肥厚，具刺状突起。

2.印度紫檀：别名青龙木。落叶大乔木。园艺景观普遍栽培。株高可达18米，基部无板根。奇数羽状复叶，小叶卵形或长椭圆形，先端锐或尾尖，全缘，纸质。春末初夏开花，总状花序，花冠黄色，具香气。荚果扁圆形，中间无刺状突起。

●用途：园景树、行道树。木材坚重密致，可制高级家具，作建筑用材。

●生长习性：阳性植物。性喜高温、湿润、向阳之地，生长适宜温度23～32℃，日照70%～100%。生性强健，耐热、耐旱、耐瘠。

●繁育方法：播种法，春、夏季为适期。

●栽培要点：栽培介质以壤土或沙质壤土为佳。春、夏季生长期施肥2～3次。冬季落叶后修剪整枝。成树移植之前需断根处理。

▲菲律宾紫檀（原产菲律宾）
Pterocarpus vidalanus

▲菲律宾紫檀（原产菲律宾）
Pterocarpus vidalanus

▲印度紫檀·青龙木（原产亚洲热带地区）
Pterocarpus indicus

▲印度紫檀·青龙木（原产亚洲热带地区）
Pterocarpus indicus

▲龙爪槐（栽培种）
Sophora japonica 'Pendula'

蝶形花科落叶小乔木

龙爪槐

- **植物分类**：苦参属（*Sophora*）。
- **产地**：原种槐树产于中国华北至华西温带地区，龙爪槐是槐树的变种。园艺观赏零星栽培。
- **形态特征**：株高可达4米，主干通直，小枝弯曲下垂。奇数羽状复叶，小叶长卵形，先端锐，全缘，厚膜质。夏、秋季开花，圆锥花序，顶生，花冠蝶形，乳白或乳黄色。荚果念珠状，不开裂。
- **用途**：园景树。树形奇特，风姿独具。
- **生长习性**：阳性植物。性喜温暖、湿润、向阳之地，生长适宜温度15～28℃，日照70%～100%。高冷地或中海拔栽培为佳，平地夏季高温生长迟缓或不良。
- **繁育方法**：嫁接法，春季为适期。砧木采用槐树。
- **栽培要点**：栽培介质以沙质壤土为佳。春、夏季长期施肥2～3次。冬季落叶后修剪整枝，促使树形均衡美观。

蝶形花科常绿或半落叶乔木

水黄皮

- **别名**：水流豆、九重吹。
- **植物分类**：水黄皮属（*Pongamia*）。
- **产地**：澳大利亚和亚洲热带至亚热带地区。园艺景观普遍栽培。
- **形态特征**：株高可达15米。奇数羽状复叶，小叶阔卵形至椭圆形，先端突尖，全缘，薄革质。秋季开花，总状花序，腋生，花冠蝶形，小花粉红或淡紫色。荚果扁平，木质，熟果褐色。
- **用途**：园景树、行道树、海岸防风树。树根、种子有毒，不可误食。药用可治痔疮以及各种皮肤病等。
- **生长习性**：阳性植物。性喜高温、湿润、向阳之地，生长适宜温度22～32℃，日照70%～100%。生性强健，成长快速，耐寒也耐热、耐旱、耐盐，抗风。
- **繁育方法**：播种法，春季为适期。
- **栽培要点**：栽培介质以壤土或沙质壤土为佳。春季至秋季施肥3～4次。春季或花后修剪整枝，局部地区冬季有落叶现象，也可修剪整枝，植株老化施以重剪。成树移植前需断根处理。

▲水黄皮·水流豆·九重吹（原产中国及亚洲和澳大利亚热带地区）*Pongamia pinnata*

▲ 水黄皮・水流豆・九重吹（原产中国及亚洲和
澳大利亚热带地区）*Pongamia pinnata*

▲ 日本栗（原产日本、韩国）
Castanea crenata

壳斗科落叶乔木
板栗类

● **别名**：栗子。

● **植物分类**：板栗属（*Castanea*）。

● **产地**：北半球温带地区。温带果树。园艺景观零星
栽培。

1. **日本栗**：株高可达18米。叶互生，狭椭圆形或长椭
圆状披针形，先端渐尖，针状锯齿缘，革质。夏季
开花，葇荑花序，雄花近平滑，生于花序中上部；
雌花生于基部。壳斗外被长刺，坚果球形。

2. **板栗**：株高可达20米。叶互生，长椭圆形或长椭圆
状披针形，先端渐尖，针状锯齿缘，革质，叶背密
被灰白或灰黄色短柔毛。春末开花，葇荑花序，雄
花有茸毛，生于花序中上部；雌花生于基部。壳斗
被毛，外被长刺；坚果扁球形，先端有茸毛。

● **用途**：园景树。坚果为著名干果，可食用。木材可
供建筑、船车用材。药用可治肾虚、腰膝酸痛、瘰
疬、便血、湿疹、各种皮肤炎症等。

● **生长习性**：阳性植物。性喜冷凉至温暖、湿
润、向阳之地，生长适宜温度12～25℃，日照
70%～100%。高冷地或中海拔栽培为佳。

● **繁育方法**：播种、嫁接法，春季为适期。

● **栽培要点**：栽培介质以沙质壤土或沙砾土为佳。幼
树每年施用氮、磷、钾肥3～4次，成树冬季落叶休
眠期施用有机肥料，春季施用磷、钾肥。果后修剪
整枝，施用复合肥作追肥补给养分。

▲ 板栗・栗子（原产中国、韩国）
Castanea mollissima

▲ 板栗・栗子（原产中国、韩国）
Castanea mollissima

▲大叶刺篱木・罗庚梅・罗庚果（原产中国及马来西亚、菲律宾） *Flacourtia rukam*

▲罗比梅・紫梅（原产印度尼西亚苏门答腊岛）
Flacourtia inermis

大风子科常绿灌木或小乔木

刺篱木罗庚梅类

- ●**植物分类**：刺篱木属（*Flacourtia*）。
- ●**产地**：亚洲热带地区。
- 1.**大叶刺篱木**：别名罗庚梅、罗庚果。常绿小乔木。园艺景观零星栽培。热带果树，株高可达4米，小枝暗红色，偶有长刺，呈"之"字斜弯。叶互生，椭圆形或卵状椭圆形，先端尾状渐尖，钝齿状缘，纸质，新叶暗红色。春季开花，雌雄异株，短总状花序，顶生或腋生，花冠淡黄色。核果球形，果径1.5～2.5厘米，果皮略有纵棱，熟果暗紫褐色。
- 2.**罗比梅**：别名紫梅。常绿灌木或小乔木。园艺景观零星栽培。热带果树，株高可达4米，枝、干无刺。叶互生，卵状椭圆形，先端钝，细钝锯齿缘，叶背密被毛，新叶暗红色。雌雄异株，春季开花，总状花序，腋生或簇生于老枝干，花冠白绿色。核果扁球形，果径2～2.7厘米，熟果红褐色。
- ●**用途**：园景树、绿篱、大型盆栽。果实可生食，制果酱、果汁。
- ●**生长习性**：阳性植物。性喜高温、湿润、向阳之地，生长适宜温度22～32℃，日照70％～100％。生性强健，萌芽力强，耐热、耐旱、耐湿。
- ●**繁育方法**：播种、扦插或高压法，春季至秋季为适期。
- ●**栽培要点**：栽培介质以壤土或沙质壤土为佳。春季至秋季施肥3～4次。冬季或果后修剪整枝。成树移植前需断根处理。

▲罗比梅株干无刺，春、夏季萌发的新叶暗红色，颇为殊雅。

▲大风子（原产东南亚）
Hydnocarpus anthelminthica

大风子科落叶中乔木
山桐子

- **别名**：水冬桐、椅树。
- **植物分类**：山桐子属（*Idesia*）。
- **产地**：中国、日本、韩国及亚热带至温带地区。园艺景观零星栽培。
- **形态特征**：株高可达12米。叶互生，心形，先端尾状或渐尖，粗锯齿缘，纸质；叶背粉白色，叶柄暗红色，先端有2枚腺体。雌雄异株，春季开花，圆锥花序，腋生，雄花绿色，雌花紫色。浆果球形，果径0.7~1厘米，熟果红色。
- **用途**：园景树、观果树、花材。木材可制家具、器具。药用可治疥癣、烫火伤、吐血等。
- **生长习性**：阳性植物。性喜温暖、湿润、向阳之地，生长适宜温度15~28℃，日照80%~100%。耐寒、稍耐高温、耐旱。高冷地或中高海拔生长良好，平地夏季高温生长迟缓或不良。
- **繁育方法**：播种、嫁接法，春季为适期。
- **栽培要点**：栽培介质以壤土或沙质壤土为佳。幼树春、夏季施肥2~3次。冬季落叶后修剪整枝。

▲山桐子·水冬桐·椅树（原产中国、日本）
Idesia polycarpa

大风子科常绿大乔木
大风子

- **植物分类**：大风子属（*Hydnocarpus*）。
- **产地**：亚洲热带地区。园艺观赏零星栽培。
- **形态特征**：株高可达28米，主干通直。叶互生，卵状披针形或卵状长椭圆形，先端渐尖，全缘或波状缘，革质，叶背淡绿色。雄花聚伞状或总状花序，腋生，小花淡白色。浆果球形，果径6~10厘米，果皮坚硬，锈褐色。
- **用途**：园景树、行道树。木材可作建材，制家具、器具等。种子油主治麻风病、疥疮等。
- **生长习性**：阳性植物。性喜高温、湿润、向阳之地，生长适宜温度23~32℃，日照70%~100%。生性强健，耐热、耐寒、耐旱，抗风。
- **繁育方法**：播种法，熟果现采即播。
- **栽培要点**：栽培介质以壤土或沙质壤土为佳。春、夏季生长期施肥2~3次。果后或春季修剪整枝。成树移植前需断根处理。

▲山桐子·水冬桐·椅树（原产中国、日本）
Idesia polycarpa

▲ 天料木（原产中国及中南半岛）
Homalium cochinchinensis

大风子科落叶小乔木

天料木

- ●**植物分类**：天料木属（*Homalium*）。
- ●**产地**：中国南部及中南半岛热带至亚热带地区。园艺景观零星栽培。
- ●**形态特征**：株高可达9米。叶互生，椭圆形或倒卵形，先端锐或钝，疏锯齿缘，薄革质。圆锥穗状花序，顶生或腋生，小花白色，花瓣有缘毛，雄蕊着生于花瓣基部，花姿素雅。蒴果革质。
- ●**花期**：秋季开花。
- ●**用途**：园景树、行道树。药用可治肿毒、淋病、风疹等。
- ●**生长习性**：阳性植物。性喜温暖至高温、湿润、向阳之地，生长适宜温度20～30℃，日照70%～100%。耐热、耐寒、耐旱、耐瘠。
- ●**繁育方法**：播种、扦插法。春季为适期。
- ●**栽培要点**：栽培介质以壤土或沙质壤土为佳。春、夏季生长期施肥2～3次。幼树冬季落叶后修剪整枝。成树移植前需断根处理。

▲ 草海桐·水草·海桐草（原产中国及太平洋诸岛和日本） *Scaevola taccada (Scaevola sericea)*

草海桐科常绿灌木

草海桐

- ●**别名**：水草、海桐草。
- ●**植物分类**：草海桐属（*Scaevola*）。
- ●**产地**：亚洲、非洲和澳大利亚及太平洋诸岛等热带至亚热带地区。园艺景观普遍栽培。
- ●**形态特征**：株高可达2.5米。叶狭倒卵形，先端钝圆，全缘或疏锯齿缘，肉质。聚伞花序腋生，小花冠筒呈扇形，先端5裂，白或淡紫色。核果近球形，白色。园艺栽培种有美叶草海桐，叶面具黄色斑纹。
- ●**用途**：庭园或道路美化、绿篱、海岸防风定沙。嫩叶、果实可当野菜食用。药用可治风湿痛、脚气病。
- ●**生长习性**：阳性植物。性喜高温、湿润至干旱、向阳之地，生长适宜温度20～32℃，日照80%～100%。生性强健粗放，耐寒也耐热、耐旱、耐盐、抗风。
- ●**繁育方法**：播种、扦插或分株法，春、夏季为适期。
- ●**栽培要点**：栽培介质以沙土或沙质壤土为佳。春季至秋季施肥2～3次。春季修剪整枝，植株老化施以重剪或强剪。

▲ 美叶草海桐（栽培种）
Scaevola taccada 'Calophllum'

▲ 草海桐·水草·海桐草（原产中国及太平洋诸岛和日本）*Scaevola taccada*（*Scaevola sericea*）

金缕梅科常绿小乔木

蚊母树类

● **植物分类**：蚊母树属（*Distylium*）。

● **产地**：中国南部及日本、韩国，热带至温带地区。

1. **蚊母树**：园艺景观零星栽培。株高可达9米，幼枝有星状鳞片。叶互生，椭圆形或长椭圆形，先端钝或尖，全缘，革质，幼叶暗红色。春季开花，总状花序腋生，小花暗红色。蒴果卵形，果表有星状毛。

2. **细叶蚊母树**：别名小叶蚊母树。园艺景观零星栽培。株高可达7米。叶互生，椭圆形或倒卵状椭圆形，先端钝或锐尖，全缘，偶有锯齿缘或不明显3浅裂，革质，叶柄和嫩枝有星状鳞片。春季开花，总状花序腋生，小花暗红色。蒴果长卵形，果表有褐色星状毛。

● **用途**：园景树、绿篱。木材可制工具、支柱。蚊母树药用可治瘰疬、解毒、抗癌。

● **生长习性**：阳性植物。性喜温暖至高温、湿润、向阳之地，生长适宜温度18～28℃，日照70%～100%。生性强健，成长缓慢，耐热、耐寒、耐阴，抗风。

● **繁育方法**：播种、扦插法，春、夏季为适期。

● **栽培要点**：栽培介质以壤土或沙质壤土为佳。春季至秋季施肥2～3次。冬末修剪整枝，修剪主干下部侧枝能促进长高。成树移植前需断根处理。

▲ 蚊母树（原产中国及韩国、日本）
Distylium racemosum

▲ 细叶蚊母树·小叶蚊母树（原产中国）
Distylium gracile

金缕梅科落叶大乔木

枫香

▲ 枫香·枫树（原产中国及越南等地）
Liquidambar formosana

- **别名**：枫树。
- **植物分类**：枫香属（*Liquidambar*）。
- **产地**：亚洲热带至亚热带地区。园艺景观普遍栽培。
- **形态特征**：株高可达20米以上，老树干皮纵向深裂。叶互生或丛生枝端，菱形3裂，裂片先端锐尖，细锯齿缘，纸质至薄革质，新叶紫红色。春季开花，雄花短总状或圆锥花序，雌花头状球形。蒴果为聚合果，圆球形，表面有星芒状直刺。
- **用途**：园景树、行道树。木材可作建材、板材和栽培香菇。药用可治风湿关节痛、肿毒、泄泻等。
- **生长习性**：阳性植物。性喜温暖至高温、湿润、向阳之地，生长适宜温度18～30℃，日照70%～100%。生性强健粗放，成长快速。
- **繁育方法**：播种法，春季为适期。
- **栽培要点**：栽培介质以壤土或沙质壤土为佳。幼树春、夏季施肥2～3次。冬季落叶后修剪整枝。成树移植前需断根处理。

▲ 枫香·枫树（原产中国及越南）
Liquidambar formosana

▲ 枫香聚合果球形，表面有星芒状直刺

▲ 枫香冬季落叶前，在低温催化下，叶片转黄至橙红色，极为绚丽优雅

金缕梅科常绿小乔木

秀柱花

- **植物分类**：秀柱花属（*Eustigma*）。
- **产地**：中国华南至华中。园艺景观零星栽培。
- **形态特征**：株高可达8米。叶互生，披针形或倒披针形，先端渐尖，全缘，近先端有不规则粗齿，厚纸质。短总状花序，顶生，花瓣篦形，黄色，先端紫黑色。蒴果卵圆形，熟果褐色。
- **花期**：春季开花。
- **用途**：园景树、行道树、护坡树。木材坚重，可制家具、工具。
- **生长习性**：中性植物。性喜温暖、湿润、向阳至荫蔽之地，生长适宜温度15～28℃，日照60%～100%。耐寒、稍耐热，耐旱，喜好空气湿度高的环境。
- **繁育方法**：播种、扦插法，春季为适期。
- **栽培要点**：栽培介质以壤土或沙质壤土为佳，土壤需保持湿润。春、夏季施肥2～3次。早春修剪整枝。成树移植前需断根处理。

▲ 秀柱花（原产中国）　（花·吕胜由摄影）
Eustigma oblongifolium

七叶树科落叶乔木

七叶树类

- **植物分类**：七叶树属（马栗属）（*Aesculus*）。
- **产地**：欧洲东南部及中国西南部暖带地区。
1. **云南七叶树**：园艺观赏零星栽培。株高可达15米，掌状复叶，小叶5～7片，披针形或倒披针，齿状缘。圆锥花序顶生，小花白色。蒴果椭圆形或扁球形，具疣状突起。
2. **欧洲七叶树**：别名马栗。园艺观赏零星栽培。株高可达25米，掌状复叶，小叶5～7片，倒卵形，锐齿状缘。圆锥花序顶生，小花淡黄、红色。蒴果球形，果表有刺。
- **用途**：园景树、行道树。
- **生长习性**：阳性植物。性喜温暖、湿润、向阳之地，生长适宜温度15～25℃，日照70%～100%。耐寒不耐热，高冷地栽培为佳，平地夏季高温生育迟缓或不良。
- **繁育方法**：播种法，春季为适期。
- **栽培要点**：栽培介质以石灰质之沙质壤土为佳。春、夏季生长期施肥2～3次。冬季落叶后修剪整枝。成树移植前需断根处理。

▲ 云南七叶树（原产中国西南部）
Aesculus wangii

▲ 欧洲七叶树·马栗（原产巴尔干半岛）
Aesculus hippocastanum

▲ 野核桃（原产中国）
Juglans cathayensis

▲ 漾鼻核桃（原产中国）
Juglans sigillata

▲ 枫杨（原产中国）
Pterocarya stenoptera

胡桃科落叶大乔木

核桃类

- **植物分类**：核桃属、胡桃属（*Juglans*）。
- **产地**：中国西南至华中温暖地区。
1. **野核桃**：落叶大乔木。株高可达25米，小枝有黏质腺毛。奇数羽状复叶，小叶椭圆形，细锯齿缘，两面密被毛。雄花葇荑花序下垂，黄绿色；雌花穗状直立，红色。核果卵形或椭圆形，果表密被黏性腺毛。
2. **漾鼻核桃**：落叶乔木。株高可达6米。奇数羽状复叶，小叶卵状披针形或椭圆状披针形，全缘，叶背密被灰色腺毛。雄花葇荑花序，雌花集生于枝顶。核果近球形。
- **用途**：园景树。种仁可食用。
- **生长习性**：阳性植物。性喜冷凉至温暖、湿润、向阳之地，生长适宜温度12～22℃，日照70%～100%。耐寒不耐热，高冷地栽培为佳，平地夏季高温生育不良。
- **繁育方法**：播种法，春季为适期。
- **栽培要点**：栽培介质以沙质壤土为佳。春、夏季生长期施肥2～3次。落叶后或早春修剪整枝。

胡桃科落叶乔木

枫杨

- **植物分类**：枫杨属（*Pterocarya*）。
- **产地**：中国华南、华中至西南。园艺观赏零星栽培。
- **形态特征**：株高可达25米，干皮纵向深裂，小枝下垂。奇数羽状复叶，叶轴有狭翼，小叶长椭圆形，先端锐，细锯齿缘，纸质。春季开花，葇荑花序，悬垂，黄绿色；雄花生于老枝或新枝基部，雌花生于新枝先端。坚果有2枚斜展翅，形似燕子。
- **用途**：园景树、行道树。木材可制家具、器具，作建材等。药用可治痛风、皮肤病、疥癣等。
- **生长习性**：阳性植物。性喜温暖至高温、湿润、向阳之地，生长适宜温度18～30℃，日照70%～100%。生性强健，耐寒也耐热，耐旱、耐湿。
- **繁育方法**：播种法，春季为适期。
- **栽培要点**：栽培介质以壤土或沙质壤土为佳。幼树春、夏季施肥2～3次。冬季落叶后修剪整枝。成树移植前需断根处理。

樟科常绿乔木

樟树类

- **植物分类**：樟属（*Cinnamomum*）。
- **产地**：亚洲热带至亚热带地区。

1. **樟树**：别名乌樟、栳樟。常绿大乔木。株高可达30米，全株具樟脑香味。叶广卵形或椭圆形，先端锐尖或渐尖，三出脉，全缘。圆锥花序，小花黄绿色。核果球形或扁球形，熟果紫黑色。

2. **牛樟**：常绿乔木。台湾特有植物，原生中、低海拔山区，野生濒临灭绝，园艺景观零星栽培。株高可达30米，全株具樟脑香味，芽鳞被褐色毛。叶互生，卵形或长椭圆形，先端短尖或渐尖，三出脉不明显，全缘，幼叶暗红色。聚伞花序，小花淡黄色，花瓣内侧基部有柔毛。核果压缩状球形，熟果紫黑色。

- **用途**：园景树、行道树。木材具香气，可作建材，制家具，雕刻，提炼樟脑等。樟树药用可治痛风、肠胃炎、脚气肿痛、风湿关节痛、心痛等。牛樟老干生长的菇蕈称"牛樟芝"，为稀有名贵药材。

- **生长习性**：阳性植物。樟树性喜高温、适润、向阳之地，生长适宜温度18～30℃，日照70%～100%。牛樟性喜温暖，生长适宜温度18～25℃，高冷地生育良好，平地夏季高温生长迟缓。樟树类寿命长，老树寿命可达百年以上。

- **繁育方法**：播种法，熟果现采即播。牛樟亦可用扦插法，春、秋季为适期。

- **栽培要点**：栽培介质以壤土或沙质壤土为佳，栽培土壤不可长期潮湿。老树移植困难，成树移植前需彻底断根处理，以幼树或盆栽苗定植为佳。

樟科 LAURACEAE

▲ 樟树·乌樟·栳樟（原产中国、日本）
Cinnamomum camphora

▲ 枫杨（原产中国）
Pterocarya stenoptera

▲ 牛樟（原产中国台湾）　（果·吕胜由摄影）
Cinnamomum kanehirai

景观植物大图鉴②

155

▲ 肉桂（原产中国）
Cinnamomum aromaticum (Cinnamomum cassia)

▲ 大叶桂·南洋肉桂（原产亚洲热带地区）
Cinnamomum iners

肉桂类

● **植物分类**：樟属（*Cinnamomum*）。

● **产地**：亚洲热带至亚热带地区。

1. **肉桂**：常绿乔木。园艺观赏零星栽培。株高可达6米以上，树皮、叶具浓郁香气。叶长椭圆形，先端突尖或渐尖，离基三出脉，全缘，厚革质。聚伞状圆锥花序，小花淡白色。核果压缩球形或椭圆形，熟果紫黑色。

2. **大叶桂**：别名南洋肉桂。常绿乔木。园艺观赏零星栽培。株高可达18米，枝叶具芳香味。叶对生或近对生，长椭圆形或卵状长椭圆形，长可达35厘米，先端钝或微凹，全缘，厚革质，三出脉或离基三出脉。聚伞状圆锥花序，小花淡黄绿色。核果卵形，熟果黑色。

3. **台湾肉桂**：别名山肉桂、桂枝。常绿中乔木，中国台湾特有植物，原生于台湾中部、东部中、低海拔山区。园艺景观零星栽培。株高可达15米，枝叶略有肉桂香味。叶长椭圆状披针形，先端渐尖，全缘，三出脉。聚伞花序，小花淡黄色。核果倒长卵形，熟果紫黑色。

4. **兰屿肉桂**：常绿小乔木。中国台湾特有植物，原生于兰屿原始林中，野生族群已濒临灭绝。园艺景观普遍栽培。株高可达6米以上，树皮具肉桂香味。叶对生或近对生，卵形或卵状椭圆形，先端锐或钝，全缘，厚革质，三出脉。聚伞花序，顶生或腋生，小花白绿色。核果椭圆形，熟果紫黑色。

5. **土肉桂**：别名假肉桂。常绿中乔木。中国台湾特有植物，原生于台湾中、北部中低海拔山区。园艺景

▲ 台湾肉桂·山肉桂·桂枝
（原产中国台湾）*Cinnamomum insularimontanum*

▲ 兰屿肉桂（原产中国台湾）
Cinnamomum kotoense

▲ 土肉桂·假肉桂（原产中国台湾）
Cinnamomum osmophloeum

观零星栽培。株高可达15米，枝叶有黏质及浓郁肉桂香味。叶互生或近对生，卵状披针形，先端锐尖或渐尖，全缘，革质，三出脉，新芽暗红色。聚伞花序，小花黄绿色。核果椭圆形，熟果黑褐色。

6. **胡氏肉桂**：常绿中乔木。中国台湾特有植物，原生于台湾北部、南部，东部中、低海拔山区。园艺景观零星栽培。株高可达15米，枝叶无香味。叶长椭圆状披针形，先端渐尖或急尖，全缘，三出脉。聚伞花序，小花淡黄色。核果椭圆状，熟果紫黑色。

7. **锡兰肉桂**：常绿乔木。园艺景观零星栽培。株高可达10米，全株具肉桂香味。叶对生，长卵形或卵状披针形，长7～15厘米，先端钝或渐尖，三出脉，革质，幼叶红褐色。圆锥花序，小花黄色。核果卵形，熟果黑色。

8. **阴香**：常绿乔木。园艺景观普遍栽培。株高可达18米，内皮红色具肉桂香味。叶长卵形或卵状披针形，先端渐尖，离基三出脉，全缘，革质。圆锥花序顶生，小花绿白或淡黄色。核果卵形。树冠枝叶茂密，终年翠绿。园艺栽培种有狭叶阴香，叶片线状披针形。

● **用途**：园景树、行道树、盆栽。肉桂类可提炼芳香精油，供制食用香料、化妆品等。肉桂树皮为名中药材，药用可治心腹冷痛、阳痿、痛经、肾虚等。锡兰肉桂药用可治胃冷胸满、呕吐噎膈、筋骨酸痛等。

● **生长习性**：阳性植物。性喜高温、湿润、向阳之地，生长适宜温度20～32℃，日照70%～100%。耐热、耐旱，喜好空气湿度高的环境。

● **繁育方法**：播种、扦插、高压法，春季为适期。

● **栽培要点**：可参照樟树类。

▲ 胡氏肉桂（原产中国台湾）
Cinnamomum macrostemon

▲ 锡兰肉桂（原产斯里兰卡）
Cinnamomum verum (*Cinnamomum zeylanicum*)

▲ 狭叶阴香（原产中国）
Cinnamomum burmannii
var. *heyneanum*

▲ 阴香核果卵形，长约0.8厘米，果托顶端6齿裂，齿端平截

▲ 阴香（原产中国及东南亚）
Cinnamomum burmannii

▲菲岛木姜子·佩罗特木姜子（原产菲律宾及西里伯斯岛和摩鹿加） *Litsea perrottetii*

▲山胡椒·山苍子·山鸡椒（原产中国、印度以及东南亚） *Litsea cubeba*

樟科常绿乔木

木姜子类

●**植物分类**：木姜子属（*Litsea*）。

●**产地**：亚洲热带地区。

1.**菲岛木姜子**：别名佩罗特木姜子。园艺观赏零星栽培。株高可达10米。叶互生，阔卵形或椭圆形，先端钝或突尖，全缘，革质。春季开花，腋生，小花淡白色。核果椭圆形，果表有白色斑点，熟果暗红色。适作园景树。

2.**山胡椒**：别名山苍子、山鸡椒。落叶小乔木。适作园景树。株高可达5米，枝叶具浓烈香气。叶狭披针形，先端渐尖。春季开花，伞形花序，小花乳黄色。核果球形。枝叶可提炼香精、制香料、化妆品。果实常作调味料。药用可治风湿痛、中暑。

3.**潺槁树**：别名潺槁木姜子。园艺景观零星栽培。株高可达12米。叶互生，倒卵状长椭圆形或倒卵形，先端钝，叶背被毛，灰绿色。夏季开花，总状花序腋生，小花淡黄色。核果倒卵状球形。适作园景树。木材可制家具，胶质可制黏合剂。药用可治腹泻，外敷疮疡。

●**生长习性**：阳性植物，日照70%～100%。菲岛木姜子，潺槁树性喜高温、湿润，生长适宜温度20～30℃。山胡椒性喜温暖、湿润，生长适宜温度15～25℃。

●**繁育方法**：播种法，春季为适期。

●**栽培要点**：栽培介质以沙质壤土为佳。春、夏季生长期施肥2～3次。春季修剪整枝。成树移植前需彻底断根处理。

▲潺槁树·潺槁木姜子（原产中国、印度、越南、菲律宾） *Listea glutinosa*

樟科常绿灌木或小乔木

月桂

- ●**植物分类**：月桂属（*Laurus*）。
- ●**产地**：地中海沿岸温暖地区。园艺观赏零星栽培。
- ●**形态特征**：株高可达10米，幼枝红褐色。叶互生，椭圆形或阔披针形，先端渐尖，全缘或波状缘，硬革质。雌雄异株，伞形花序，腋生，小花淡黄色。核果球形或卵形，熟果紫黑色。
- ●**花期**：春季开花。
- ●**用途**：园景树、大型盆栽。叶片、果实可提炼芳香精油，供制食品香料、化妆品等。
- ●**生长习性**：阳性植物。性喜温暖、湿润、向阳之地，生长适宜温度15～25℃，日照70%～100%。高冷地生育良好，平地夏季高温生长迟缓，夏季需通风凉爽越夏。
- ●**繁育方法**：播种、扦插法，春、秋季为适期。
- ●**栽培要点**：栽培介质以微酸性腐殖土或沙质壤土为佳。冬季至春季生长期施肥2～3次，冬初修剪整枝。成树移植前需断根处理。

▲月桂（原产地中海沿岸）
Laurus nobilis

▲鳄梨·酪梨（原产美洲热带地区）
Persea americana

樟科常绿大乔木

鳄梨

- ●**别名**：酪梨。
- ●**植物分类**：鳄梨属（*Persea*）。
- ●**产地**：中、南美洲热带地区。园艺观赏零星栽培。
- ●**形态特征**：株高可达18米。叶互生，椭圆形或椭圆状披针形，先端急尖，全缘，革质。圆锥花序，顶生，小花黄绿色。浆果梨形或卵形，果皮光亮，绿色、褐红或黑紫色，果肉黄色乳酪状。
- ●**花期**：冬季至春季开花。
- ●**用途**：园景树、果树。果肉富含植物性油脂，风味特殊，可生食、制果冻、糕饼等。油脂供制化妆品。药用具利尿、通经、缓下之效。
- ●**生长习性**：阳性植物。性喜高温、湿润、向阳之地，生长适宜温度23～32℃，日照70%～100%。
- ●**繁育方法**：播种或嫁接法，冬季至早春为适期。
- ●**栽培要点**：栽培介质以沙质壤土为佳。春、夏季生长期施肥2～3次。果后或春季修剪整枝。成树移植前需断根处理。

▲鳄梨·酪梨（原产美洲热带地区）
Persea americana

玉蕊科落叶大乔木

炮弹树

- **植物分类**：炮弹树属（*Couroupita*）。
- **产地**：南美洲热带地区。园艺景观零星栽培。
- **形态特征**：株高可达18米，干通直。叶互生，倒卵形或长椭圆形，先端尖，全缘，厚纸质。总状花序，干生，花瓣6枚，肉质，瓣外黄绿色，瓣内橙红色。核果球形，茶褐色，果径12～20厘米，果肉具特殊味道，成树结实累累悬垂于主干，甚奇特。
- **花期**：夏季开花。
- **用途**：园景树、行道树。药用具抗癌作用。
- **生长习性**：阳性植物。性喜高温、湿润、向阳之地，生长适宜温度23～32℃，日照70%～100%。生性强健粗放，耐热也耐旱。每年落叶2～3次，落叶之前叶片急速转红，通常都在7～10天之内交替新叶。
- **繁育方法**：播种法，春季为适期。
- **栽培要点**：栽培介质以沙质壤土为佳。春、夏季生长期施肥2～3次。自然树形美观不需修剪。成树移植之前需断根处理。

▲ 炮弹树（原产圭亚那）
Couroupita guianensis

▲ 炮弹树（原产圭亚那）
Couroupita guianensis

玉蕊科常绿灌木或小乔木

半果树

- **植物分类**：半果树属（*Gustavia*）。
- **产地**：中美洲、南美洲热带地区。园艺观赏零星栽培。
- **形态特征**：株高可达3米，叶丛生枝端，倒披针或倒卵状披针形，长30～45厘米，先端突尖或渐尖，细锯齿缘，近革质。花顶生，花冠白色或淡粉红色，花径10～15厘米，具甜香味。果实半球形，果顶平坦，果实上半部颇似用刀削切成形。
- **花期**：春、夏季开花。
- **用途**：园景树。
- **生长习性**：阳性植物。性喜高温、湿润、向阳之地，生长适宜温度23～32℃，日照70%～100%。生性强健，耐热、耐旱、稍耐阴。
- **繁育方法**：播种法，春、夏季为适期。
- **栽培要点**：栽培介质以壤土或沙质壤土为佳。春、夏季生长期施肥2～3次。春季修剪整枝，冬季需温暖、避风越冬。

▲ 炮弹树每年落叶2～3次，落叶前叶片急速变红，明艳璀璨

火筒树类

●**植物分类**：火筒树属（*Leea*）。

●**产地**：菲律宾、缅甸以及中国台湾南部热带地区。

1. **火筒树**：别名番婆怨。常绿灌木或小乔木。园艺景观普遍栽培。株高可达5米，基部有支柱根或气根。三至四回羽状复叶，小叶长椭圆状披针形或卵形，先端渐尖或尾尖，疏锯齿缘，纸质。夏季开花，大型伞房花序，腋生，小花红黄色。浆果扁球形，熟果暗红至黑色。园艺栽培种有美叶火筒树，叶片暗紫红色。

2. **菲律宾火筒树**：常绿小乔木。园艺景观零星栽培。株高可达5米，主干基部有支柱根或气根。一回羽状复叶，小叶长椭圆状披针形或卵状披针形，先端渐尖，钝粗齿缘，厚纸质。夏季开花，聚伞花序，腋生，小花绿白色。浆果扁球形，熟果褐红色。

●**用途**：园景树、诱蝶树和池边美化树种。火筒树药用可治疮疡肿毒、风湿痹痛。

●**生长习性**：阳性植物。性喜高温、湿润、向阳之地，生长适宜温度22～32℃，日照70%～100%。幼树耐阴。生性强健，耐热、耐湿，不耐风。

●**繁育方法**：播种、高压法，春季为适期。

●**栽培要点**：栽培介质以壤土或沙质壤土为佳。春、夏季生长期施肥2～3次。春季修剪整枝，植株老化需重剪或强剪。

▲火筒树·番婆怨（原产中国及菲律宾、越南）
Leea guineensis

▲美叶火筒树·红宝石南天（栽培种）
Leea guineensis 'Burgundy'

▲半果树（原产哥斯达黎加、巴拿马、哥伦比亚）
Gustavia superba

▲菲律宾火筒树（原产中国及菲律宾）
Leea philippinensis

木兰科常绿乔木

含笑类

- **植物分类**：含笑属（*Michelia*）。
- **产地**：台湾含笑原生于中、低海拔山区，大叶扁果含笑原生于兰屿。园艺景观普遍栽培。
1. **台湾含笑**：别名乌心石。常绿大乔木。株高可达20米以上，主干直立。叶互生，披针形或长椭圆形，先端钝或锐，全缘，革质，叶背灰绿。早春开花，腋生，白色，具香气。蓇葖果卵形或球形，少数，果实红色。
2. **大叶扁果含笑**：别名兰屿乌心石、大叶乌心石。常绿乔木。株高可达15米，主干直立。叶互生，阔椭圆形或阔倒卵形，先端钝，全缘，革质，叶背灰绿色。春季开花，腋生，乳黄色，具香气。蓇葖果卵形或球形，多数聚生，果实红色。园艺栽培种有斑叶兰屿乌心石（2003年由变异枝条选出），叶面有金黄色斑纹或斑点。
- **用途**：园景树、行道树、诱鸟树、水土保持护坡树种。枝叶四季翠绿，属低维护优良树种。台湾含笑木材坚硬密致，属阔叶一级木，可作贵重建材、制作家具等。
- **生长习性**：台湾含笑为中性植物，性喜温暖至高温、湿润、向阳之地，生长适宜温度15～30℃，日照60%～100%。大叶扁果含笑为阳性植物，性喜高温、湿润、向阳之地，生长适宜温度23～32℃，日照70%～100%。生性强健，生长缓慢，耐热、耐旱、抗风。
- **繁育方法**：播种、扦插或高压法，种子现采即播为佳。
- **栽培要点**：栽培介质以壤土或沙质壤土为佳。春、夏季生长期施肥2～3次。春季修剪整枝，修剪主干下部侧枝能促进长高。成树移植前需断根处理。

▲ 台湾含笑·乌心石（原产中国台湾）
Michelia formosana

▲ 台湾含笑·乌心石（原产中国台湾）
Michelia formosana

▲ 台湾含笑·乌心石（原产中国台湾）
Michelia formosana

▲ 大叶扁果含笑·兰屿乌心石·大叶乌心石（原产中国台湾）*Michelia compressa* var. *lanyuensis*

▲ 大叶扁果含笑・兰屿乌心石・大叶乌心石（原产中国台湾） *Michelia compressa* var. *lanyuensis*

▲ 斑叶扁果含笑・斑叶兰屿乌心石（栽培种）
Michelia compressa var.*lanyuensis* 'Variegata'

木兰科落叶大乔木
鹅掌楸类

● **植物分类**：鹅掌楸属（*Liriodendron*）。

● **产地**：中国华中至西南部及北美洲东南部，暖带至温带地区。

1. **鹅掌楸**：别名马挂木。园艺观赏零星栽培。株高可达35米。叶互生，马褂形，近基部侧裂片1对，裂片先端弯尖；上部先端凹入或截形，全缘，革质。夏季开花，顶生，花冠杯形，黄绿色。聚合果长圆锥形。

2. **美国鹅掌楸**：园艺观赏零星栽培。株高可达45米。叶互生，马褂形，近基部侧裂片2～3对，裂片先端弯尖；上部2浅裂，先端凹入或截形，全缘，革质，叶背灰绿色。夏季开花，顶生，花冠杯形，橙绿色。聚合果长圆锥形。

● **用途**：园景树、行道树。叶形奇特，开花美丽，为世界珍贵树种。

● **生长习性**：阳性植物。性喜冷凉至温暖、湿润、向阳之地，生长适宜温度12～25℃，日照70%～100%。高冷地或中海拔栽培为佳，平地夏季高温生育不良。

● **繁育方法**：播种、高压法，春季为适期。

● **栽培要点**：栽培介质以沙质壤土为佳。春、夏季生长期施肥2～3次。落叶后修剪整枝，修剪主干下部侧枝能促进长高。

▲ 鹅掌楸・马挂木（原产中国及越南）
Liriodendron chinense

▲ 美国鹅掌楸（原产北美洲）
Liriodendron tulipifera

黄槿类

▲ 黄槿·面头果·粿叶树（原产中国及亚洲热带地区） *Hibiscus tiliaceus*

▲ 黄槿·面头果·粿叶树（原产中国及亚洲热带地区） *Hibiscus tiliaceus*

▲ 花叶黄槿（栽培种）
Hibiscus tiliacus 'Tricolor'

▲ 美黄槿（栽培种）
Hibiscus 'Lucida'

● **植物分类**：木槿属（*Hibiscus*）。

● **产地**：亚洲东南部至东北部及太平洋诸岛等热带至暖带地区。

1. **黄槿**：别名面头果、粿叶树。常绿灌木或小乔木。园艺景观普遍栽培。株高可达7米，树皮有灰色纵裂。叶互生，心形，长7～14厘米，先端突尖，全缘或微齿状缘，厚纸质，部分新叶呈暗紫红色。春、夏季开花，聚伞花序，花冠黄色，5裂，凋谢前常转橙黄或橙红。蒴果球形，木质被毛，熟果褐色。园艺栽培种有紫叶黄槿、花叶黄槿，叶面有乳白、红、粉红等斑彩或斑点。适作园景树、行道树、海岸防风树、诱蝶树。药用可治疮疖、解木薯中毒等。

2. **小黄槿**：常绿乔木。园艺观赏零星栽培。株高可达5米。叶互生，阔心形或卵圆形，长7～12厘米，先端锐或突尖，全缘，厚革质，叶表浓绿富光泽。夏季开花，聚伞花序，顶生或腋生，花冠黄色或橙红色，喉部暗红色。蒴果球形，木质，熟果褐色。适作园景树、行道树、海岸防风树、诱蝶树。

3. **日本黄槿**：落叶大灌木。园艺观赏零星栽培。株高可达2.5米。叶互生，倒卵状圆形或心形，长3～7厘米，先端突尖或短尾状，细齿状缘，革质，两面被毛，叶背灰绿色。夏季开花，花冠黄色，喉部暗红色。蒴果球形，木质被毛。适作园景树、盆景和诱蝶树。

4. **美黄槿**：常绿灌木。园艺观赏零星栽培。株高可达2米。叶互生，阔心形，长7～12厘米，先端锐尖，细齿牙缘，厚纸质；叶背灰绿色，叶基有明显腺体。春末至秋季开花，花冠黄色，花径可达10厘米以上，花瓣有淡橙色纵纹，喉部暗红褐色。适作园景树和诱蝶树。

● **生长习性**：阳性植物。性喜高温、湿润、向阳之地，生长适宜温度23～32℃，日照70%～100%。生性强健，耐热也耐寒、耐旱、耐盐、抗风。

● **繁育方法**：播种、扦插法，春季为适期。

● **栽培要点**：栽培介质以壤土或沙质壤土为佳。春、夏季生长期施肥2～3次。黄槿、小黄槿春季修剪整枝。成树移植前需断根处理。日本黄槿、美黄槿属灌木类，植株老化施以重剪或强剪。

▲日本黄槿（原产日本、韩国）
Hibiscus hamabo

▲小黄槿（原产小笠原岛） *Hibiscus glaber*

锦葵科常绿中乔木

桐棉

- **别名**：杨叶肖槿。
- **植物分类**：桐棉属（*Thespesia*）。
- **产地**：亚洲热带地区。园艺景观零星栽培。
- **形态特征**：株高可达10米。叶互生，三角状阔卵形或心形，先端长渐尖或突尖，全缘，薄革质。夏季开花，腋生，花萼浅杯形，先端截平状。花冠钟形，初开黄色，渐转淡紫红色。蒴果压缩球形，木质，熟果褐色，不开裂。
- **用途**：园景树、行道树、海岸防风树。药用可治痔疮、疥疮、脑膜炎等。
- **生长习性**：阳性植物。性喜高温、湿润、向阳之地，生长适宜温度23～32℃，日照70%～100%。生性强健，耐热、耐旱、耐瘠、耐盐、抗风。
- **繁育方法**：播种、扦插法，春季为适期。
- **栽培要点**：栽培介质以壤土或沙质壤土为佳。春、夏季生长期施肥2～3次。春季修剪整枝。成树移植前需断根处理。

▲桐棉·杨叶肖槿（原产中国及亚洲热带地区）
Thespesia populnea

▲桐棉·杨叶肖槿（原产中国及亚洲热带地区）
Thespesia populnea

▲ 黄金链树（原产巴西、乌拉圭）
Lophanthera lactescens

金虎尾科常绿小乔木

黄金链树

- ●**植物分类**：黄金链树属（*Lophanthera*）。
- ●**产地**：南美洲热带至亚热带地区。园艺观赏零星栽培。
- ●**形态特征**：株高可达4米，树皮暗褐色。叶对生，倒披针形或倒卵状长椭圆形，长15～25厘米，先端锐尖或渐尖，全缘，革质。花顶生，总状呈穗状花序，下垂，小花金黄色，5瓣；串串金黄花穗下垂，酷似黄金坠饰，灿烂高贵。
- ●**花期**：夏、秋季开花。
- ●**用途**：园景树。
- ●**生长习性**：阳性植物。性喜高温、湿润、向阳之地，生长适宜温度22～32℃，日照70%～100%。耐热、耐旱，不抗风。
- ●**繁育方法**：播种、高压法，春季为适期。
- ●**栽培要点**：栽培介质以沙质壤土为佳。叶片大，栽培地点要避强风。春、夏季生长期施肥2～3次。春季修剪整枝，修剪主干下部侧枝能促进长高。成树移植需酌量修剪枝叶。

野牡丹科常绿灌木

美谷木

- ●**别名**：卵叶谷木。
- ●**植物分类**：谷木属（*Memecylon*）。
- ●**产地**：印度及东南亚热带地区。园艺观赏零星栽培。
- ●**形态特征**：株高可达2.5米，全株光滑。叶对生，椭圆形、卵形或卵状披针形，先端渐尖或钝圆，具小短尖，叶缘有半透明窄边，革质。聚伞花序，腋生，小花深蓝色或蓝紫色。浆果椭圆形或卵形，熟果蓝紫色。
- ●**花期**：春末至夏季开花。
- ●**用途**：园景树。
- ●**生长习性**：中性植物。性喜高温、湿润、向阳至荫蔽之地，生长适宜温度23～32℃，日照50%～100%。生性强健，耐热、耐湿、耐阴。
- ●**繁育方法**：播种、高压法，春季为适期。
- ●**栽培要点**：栽培介质以壤土或沙质壤土为佳。春、夏季生长期施肥2～3次。春季修剪整枝，植株老化施以重剪或强剪。

▲ 美谷木·卵叶谷木（原产印度及东南亚）
Memecylon ovatum

棟科常绿乔木

麻棟

- ●**植物分类**：麻棟属（*Chukrasia*）。
- ●**产地**：中国、印度及中南半岛热带地区。园艺景观零星栽培。
- ●**形态特征**：株高可达35米以上。羽状复叶，小叶卵形至长卵状披针形，先端尾尖，基歪，全缘或波状缘，革质，新叶红褐色。圆锥花序，顶生，花冠黄红色，略带紫色。蒴果椭圆形或近球形，果径3.5~5厘米，锈褐色。
- ●**花期**：春、夏季开花。
- ●**用途**：园景树、行道树。木材红褐色，坚硬芳香，可用于建筑、雕刻、制家具。树皮具解热之效。
- ●**生长习性**：阳性植物。性喜高温、湿润、向阳之地，生长适宜温度22~32℃，日照70%~100%。生性强健，成长快速，耐热、耐旱、耐风。
- ●**繁育方法**：播种法，春季为适期。
- ●**栽培要点**：栽培介质以壤土或沙质壤土为佳。幼树春季至秋季施肥3~4次。春季修剪整枝。成树移植之前需断根处理。

▲麻棟（原产中国、印度和中南半岛、马来半岛）
Chukrasia tabularis

棟科常绿乔木

印棟

- ●**别名**：印度苦棟。
- ●**植物分类**：印棟属（*Azadirachta*）。
- ●**产地**：印度和爪哇热带地区。园艺观赏零星栽培。
- ●**形态特征**：株高可达10米。一回偶数羽状复叶，互生或常簇生于枝端，小叶长卵形至卵状披针形，先端渐尖或尾尖，基歪，疏钝锯齿缘，纸质。春季开花，圆锥花序，顶生，小花白色，5瓣。蒴果卵形或椭圆形，黄褐至暗褐色。
- ●**用途**：园景树、行道树。木材可用于建筑、制家具、器具。
- ●**生长习性**：阳性植物。性喜高温、湿润、向阳之地，生长适宜温度23~32℃，日照70%~100%。生性强健，耐热、耐旱、耐瘠。
- ●**繁育方法**：播种法，春季为适期。
- ●**栽培要点**：栽培介质以沙质壤土为佳。幼树春季至秋季生长期施肥3~4次。春季修剪整枝，修剪主干下部侧枝能促进长高。成树移植前需断根处理。

▲印棟·印度苦棟（原产印度、印度尼西亚爪哇岛）
Azadirachta indica

棟科落叶乔木

香椿与洋椿

● **植物分类**：香椿属（*Toona*）、洋椿属（*Cedrela*）。
● **产地**：香椿属分布于亚洲热带地区及澳大利亚北部，洋椿属分布于美洲热带地区。
1. **香椿**：园艺观赏普遍栽培。株高可达20米。偶数羽状复叶，小叶卵状披针形，疏浅锯齿缘，偶全缘，新叶紫红色，具特殊香气。圆锥花序，花冠白色。蒴果倒卵状椭圆形，种子上端有膜质长翅。园艺栽培种称玉椿，叶面具有白、粉红色斑纹。
2. **烟洋椿**：别名南美香椿。园艺观赏普遍栽培。株高可达18米，奇数羽状复叶，小叶卵状披针形，先端渐尖，基略歪，疏浅锯齿缘，新叶黄绿色，略具香气。圆锥花序，花冠白色。蒴果长椭圆形，种子扁平有翅。
● **用途**：园景树、行道树、大型盆栽。嫩芽及新叶可作菜肴食用，风味特殊。香椿药用可治风寒感冒、胸痛、胃溃疡出血、湿气下痢、脏毒、疝气痛等。
● **生长习性**：中性植物。性喜温暖至高温、湿润、向阳及荫蔽之地，生长适宜温度18～30℃，日照60%～100%。生性强健，耐热、耐寒、耐旱、耐阴。
● **繁育方法**：播种、根插法，春季为适期。
● **栽培要点**：栽培介质以壤土或沙质壤土为佳。春、夏季施肥3～4次。为方便采收嫩叶，可锯断主干加以矮化，并充分补给氮肥和水分。

▲香椿（原产中国、韩国）
Toona sinensis（*Cedrela sinensis*）

▲玉椿（栽培种）
Toona sinensis 'Variegata'

▲烟洋椿·南美香椿（原产美洲热带地区）
Cedrela odorata

▲非洲棟（原产非洲热带地区）
Khaya senegalensis

棟科落叶大乔木

山道棟

- ●**别名**：山陀儿、大王果。
- ●**植物分类**：山道棟属（*Sandoricum*）。
- ●**产地**：亚洲热带地区。园艺景观零星栽培。
- ●**形态特征**：热带果树，株高可达30米。三出复叶，小叶卵状椭圆形，先端尖，全缘，革质，老叶红焰出色。圆锥花序，腋生，小花黄绿色。核果扁球形，熟果黄褐色，果肉白色，味酸甜。
- ●**花期**：春、夏季开花。
- ●**用途**：园景树、行道树。果实可制果汁、果酱。药用可治阴道发炎、疝痛、腹泻、痢疾等。
- ●**生长习性**：阳性植物。性喜高温、湿润、向阳之地，生长适宜温度22～32℃，日照70%～100%。生性强健，耐热不耐寒，中国台湾中、南部生育良好。
- ●**繁育方法**：播种法，春、夏季为适期。
- ●**栽培要点**：栽培介质以壤土或沙质壤土为佳。春、夏季生长期施肥2～3次。春季修剪整枝。成树移植前需断根处理。

棟科常绿乔木

非洲棟

- ●**别名**：塞棟、非洲桃花心木。
- ●**植物分类**：非洲棟属（*Khaya*）。
- ●**产地**：非洲热带地区。园艺观赏零星栽培。
- ●**形态特征**：株高可达25米。偶数羽状复叶，小叶长椭圆至长卵状披针形，先端渐尖或突尖，全缘，革质。圆锥花序，顶生，花瓣4枚。蒴果球形或近球形，木质，先端有凸起，熟果锈褐色。
- ●**花期**：春、夏季开花。
- ●**用途**：园景树。木材贵重，坚硬密致，耐腐，可用于建筑、造船、家具、雕刻等。
- ●**生长习性**：阳性植物。性喜高温、湿润、向阳之地，生长适宜温度23～32℃，日照70%～100%。耐热不耐寒、耐旱、耐瘠、抗风。
- ●**繁育方法**：播种、扦插、高压法，春季为适期。
- ●**栽培要点**：栽培介质以壤土或沙质壤土为佳。幼树春、夏季生长期施肥2～3次。春季修剪整枝。成树移植前需断根处理。

▲山道棟·山陀儿·大王果（原产中南半岛及印度、马来西亚）*Sandoricum koetjape*

▲山道棟·山陀儿·大王果（原产中南半岛及印度、马来西亚）*Sandoricum koetjape*

▲非洲棟·塞棟·非洲桃花心木（原产非洲热带地区）*Khaya senegalensis*

▲ 楝树·苦楝·苦苓树（原产亚洲热带地区）
Melia azedarach

▲ 楝树·苦楝·苦苓树（原产亚洲热带地区）
Melia azedarach

▲ 白花楝树（栽培种）
Melia azedarach 'Alba'

楝科落叶乔木

楝树

- **别名**：苦楝、苦苓树。
- **植物分类**：楝树属（*Melia*）。
- **产地**：亚洲热带、亚热带地区。园艺景观普遍栽培。
- **形态特征**：株高可达25米。二至三回奇数羽状复叶，小叶卵状椭圆形或披针形，基歪，钝锯齿缘，膜质。春季开花，圆锥花序，小花淡紫色，具香气。核果椭圆形，熟果金黄色。园艺栽培种有白花楝树，小花白色。
- **用途**：园景树、行道树。全株有毒，熟果毒性最强，不可误食。木材可供制家具、箱柜。药用可治疝痛、湿疹、疥癣等。
- **生长习性**：阳性植物。性喜高温、湿润、向阳之地，生长适宜温度22～32℃，日照80%～100%。生性强健粗放，耐热、耐旱、耐瘠、耐盐，抗风。
- **繁育方法**：播种法，春季为适期。(白花楝树用嫁接法)
- **栽培要点**：栽培介质以沙质壤土为佳。冬季落叶后修剪整枝。成树移植前需断根处理。

楝科常绿乔木

榔色木

- **别名**：连心果、兰撒果。
- **植物分类**：榔色木属（*Lansium*）。
- **产地**：马来西亚热带地区。园艺果树零星栽培。
- **形态特征**：热带果树，株高可达30米，果实干生。奇数羽状复叶，小叶倒卵形至长椭圆形，先端锐或渐尖，全缘，革质。花干生，花冠淡黄色。浆果球形或卵圆形，淡黄色，果表密被短茸毛。果肉软骨状半透明，乳白色。
- **花期**：春、夏季开花。
- **用途**：园景树。果实可生食，制果酱、果汁。
- **生长习性**：阳性植物。性喜高温、湿润、向阳之地，生长适宜温度25～32℃，日照70%～100%。耐热不耐寒。
- **繁育方法**：播种或嫁接法，春季为适期。
- **栽培要点**：栽培介质以沙质壤土为佳。幼树春、夏季生长期施肥3～4次，成树增加磷、钾肥能促进开花结果。花果干生，尽量避免修剪。

桃花心木类

● **植物分类**：桃花心木属（*Swietenia*）。

● **产地**：中美洲、南美洲热带地区。

1. **桃花心木**：常绿乔木。园艺景观普遍栽培。株高可达15米。偶数羽状复叶，小叶8～14枚，斜卵形，长3～7.5厘米，先端渐尖，全缘，革质。聚伞状圆锥花序，小花黄绿色。蒴果卵形，木质，熟果黄褐色。

2. **大叶桃花心木**：常绿大乔木。园艺景观普遍栽培。株高可达20米。偶数羽状复叶，小叶6～12片，斜卵状披针形，长7～14厘米，先端渐尖，全缘，革质。聚伞状圆锥花序，小花黄绿色。蒴果卵形，木质，熟果深褐色。

● **用途**：树冠翠绿壮硕，为高级园景树、行道树。木材贵重，可制家具、器具，作建筑用材。桃花心木药用具有解热、收敛、强壮之效。

● **生长习性**：阳性植物。性喜高温、湿润、向阳之地，生长适宜温度22～32℃，日照70%～100%。生性强健，耐热、耐旱、耐瘠，抗风。

● **繁育方法**：播种法，春季为适期。

● **栽培要点**：栽培介质以沙质壤土为佳。春、夏季生长期施肥2～3次。冬季至早春常有半落叶现象，可趁此修剪整枝。成树移植需断根处理。

▲ 桃花心木（原产美洲热带地区）
Swietenia mahagoni

▲ 大叶桃花心木（原产中美洲）
Swietenia macrophylla

▲ 榔色木·连心果·兰撒果（原产马来西亚西部）
Lansium domesticum
（颜昌瑞摄影）

▲ 大叶桃花心木（原产中美洲）
Swietenia macrophylla

相思树类

● **植物分类**：相思树属（金合欢属）（*Acacia*）。

● **产地**：亚洲、美洲和澳大利亚热带地区。

1. **台湾相思**：常绿乔木。园艺景观普遍栽培。株高可达15米，幼苗二回羽状复叶，成树演化成假叶。叶互生，披针形，镰刀状弯曲，先端渐尖，全缘，革质。春季开花，头状花序球形，腋生，小花金黄色。荚果扁线形，成熟呈褐色。适作园景树、行道树、海岸防风树。种子有毒，不可误食。木材可供制家具、器具，作建筑用材。药用可治跌打损伤、打伤呕血、毒蛇咬伤等。

2. **马占相思**：别名直干相思。常绿小乔木。园艺景观零星栽培。株高可达8米，幼枝有棱角。叶互生，倒卵形或椭圆形，先端钝或略凹，全缘，革质，掌状脉；叶形宽大，长3~5厘米，枝叶常朝天生长。春季开花，穗状花序，腋生，小花淡白色。荚果扁圆条形，卷曲成团，酷似绿色昆虫。适作园景树、行道树、海岸防风树。木材可供制器具、建筑用材。

3. **大叶相思**：别名耳叶相思树。常绿小乔木。园艺景观零星栽培。株高可达9米，幼枝具棱角。叶互生，披针形或倒披针形，镰刀状弯曲，先端渐尖，全缘，革质。秋、冬季开花，穗状花序，腋生，金黄色。荚果扁豆形涡状扭曲，熟果黄褐色，形似天然耳坠饰物。适作园景树、行道树、海岸防风树。木材可供制器具、作建筑用材。

4. **刀状相思**：别名三角荆、三角相思树。常绿灌木。

▲ 台湾相思（原产中国南部以及菲律宾、印度尼西亚）*Acacia confusa*

▲ 台湾相思（原产中国南部以及菲律宾、印度尼西亚）*Acacia confusa*

▲ 马占相思·直干相思（原产澳大利亚）*Acacia mangium*

▲ 马占相思·直干相思（原产澳大利亚）*Acacia mangium*

园艺花材零星栽培。株高可达2米，枝条细直。叶互生，三角形，叶端截形，硬革质，银绿至银灰色，形似人工修剪而成。夏、秋季开花，头状花序，腋生，小花黄色。荚果扁平。枝叶为插花高级素材。

5.**白粉金合欢**：别名银荆。常绿乔木。园艺观赏零星栽培。株高可达8米以上。羽状复叶，小叶线形，银绿至银灰色。夏、秋季开花，头状花序呈总状，顶生，球状花黄色，具香气。荚果宽阔。枝叶可作插花材料。

6.**金合欢**：别名鸭皂树、刺球花。落叶大灌木或小乔木。园艺景观零星栽培。株高可达4米，二回羽状复叶，小叶线形，叶基有棘刺1对。春季开花，头状花序球形，腋生，金黄色，具香气。荚果圆柱形，不开裂。枝有长刺，适作防卫性绿篱、花材。花可萃取香精，制名贵香水。药用可治痉挛、麻痹、神经痛、风湿性关节炎、肺结核等。

● **生长习性**：阳性植物。台湾相思，马占相思，大叶相思，金合欢性喜高温、湿润、向阳之地，生长适宜温度22～32℃，日照70%～100%。树性强健，耐热、耐旱、耐瘠，抗风。刀状相思，白粉金合欢性喜温暖、湿润、向阳之地，生长适宜温度15～25℃，日照80%～100%。耐寒不耐热，高冷地或中海拔栽培为佳。

● **繁育方法**：播种法，春季为适期。

● **栽培要点**：栽培介质以沙质壤土为佳。春、夏季生长期施肥2～3次。春季修剪整枝。台湾相思、马占相思、大叶相思等，大树细根少移植困难，以幼株或盆栽苗、袋苗定植为佳。

▲ 大叶相思・耳叶相思树（原产澳大利亚、巴布新几内亚）*Acacia auriculiformis*

▲ 刀状相思・三角荆・三角相思树（原产澳大利亚）*Acacia cultriformis*

▲ 金合欢・鸭皂树・刺球花（原产美洲热带地区）*Acacia farnesiana*

▲ 白粉金合欢・银荆（原产澳大利亚）*Acacia dealbata*

▲ 孔雀豆・海红豆（原产中国、马来西亚）
Adenanthera pavonina

含羞草科常绿或落叶乔木

孔雀豆类

- **植物分类：** 孔雀豆属（海红豆属）（*Adenanthera*）。
- **产地：** 马来西亚、印度尼西亚爪哇岛以及中国华南地区，热带至亚热带地区均有分布。

1. **孔雀豆：** 别名海红豆。常绿乔木。园艺观赏零星栽培。株高可达10米。二回羽状复叶，小叶椭圆形或长卵形，先端钝圆，叶面两侧不对称。春季开花，总状花序，小花黄色。荚果念珠状弯曲，种子心形或扁圆形，径0.7～0.9厘米，鲜红色，光泽明亮。

2. **小籽孔雀豆：** 别名小籽海红豆、小相思豆。园艺景观普遍栽培。落叶小乔木，株高可达5米。二回羽状复叶，小叶椭圆形或卵状椭圆形，先端圆钝，叶面两侧不对称，叶背灰绿色。春、夏季开花，总状花序，小花黄色。荚果呈圈套状念珠形，荚片螺旋卷曲；种子圆形，径0.4～0.6厘米，两面凸起，熟果鲜红色，富光泽。（部分文献认为本种是孔雀豆的自然变种，学名使用*Adenanthera pavonina* var. *microsperma*）

- **用途：** 园景树、行道树。全株有毒，种子毒性最强，不可误食。木材具芳香，可作建材、家具、檀香代用品。种子可当饰品。孔雀豆药用可治痛风、尿道出血、类风湿病、风湿痛等。小籽孔雀豆药用可治肠胃炎、缓泻、疔疮、肿毒等。
- **生长习性：** 阳性植物。性喜高温、湿润、向阳之地，生长适宜温度23～32℃，日照70%～100%。生性强健，幼树耐阴，耐热、耐旱，不耐风。
- **繁育方法：** 播种法，春季为适期。
- **栽培要点：** 栽培介质以壤土或沙质壤土为佳。春、夏季生长期施肥2～3次。春季或落叶后修剪整枝。成树移植前需断根处理。

▲ 小籽孔雀豆・小籽海红豆・小相思豆（原产印度尼西亚爪哇岛）*Adenanthera microsperma*

▲ 小籽孔雀豆・小籽海红豆・小相思豆（原产印度尼西亚爪哇岛）*Adenanthera microsperma*

含羞草科常绿大乔木或落叶乔木

合欢类

- **植物分类**：合欢属（*Albizia*）。
- **产地**：亚洲、非洲及澳大利亚热带地区。

1. **大叶合欢**：别名阔荚合欢。落叶乔木。园艺景观普遍栽培。株高可达15米。二回羽状复叶，小叶对生，刀状长方形，略弯曲，先端圆或微凹。春、夏季开花，头状花序伞房状，腋生，花冠淡黄绿色。荚果扁带形，长可达30厘米，宽5厘米。豆荚和种子有毒，不可误食。木材坚硬耐腐，可作建筑、雕刻、车船等用材。

2. **南洋楹**：别名南洋合欢、摩鹿加合欢。常绿大乔木。园艺景观零星栽培。株高可达35米以上，树干灰白色。二回羽状复叶，小叶对生，刀状，基歪，先端有小突尖。春、夏季开花，穗状花序单生或排成圆锥状，乳白色。荚果扁平如豆，熟果赤褐色。根系发达，根瘤丰富，为造林速生树种。木材可作建材、家具、木屐、火柴杆等。

- **用途**：园景树、行道树。
- **生长习性**：阳性植物。性喜高温、湿润、向阳之地，生长适宜温度22～30℃，日照70%～100%。生性强健，耐热、耐旱、耐瘠。
- **繁育方法**：播种法，春季为适期。
- **栽培要点**：栽培介质以壤土或沙质壤土为佳。幼树春、夏季生长期施肥2～3次。大叶合欢冬季落叶后修剪整枝。成树移植前需断根处理。

▲ 大叶合欢·阔荚合欢（原产亚洲、非洲和澳大利亚热带地区）*Albizia lebbeck*

▲ 大叶合欢·阔荚合欢（原产亚洲、非洲和澳大利亚热带地区）*Albizia lebbeck*

▲ 南洋楹·南洋合欢·摩鹿加合欢（原产摩鹿加群岛及斯里兰卡）*Falcataria moluccana*（*Albizia falcataria*）

▲ 南洋楹·南洋合欢·摩鹿加合欢（原产摩鹿加群岛及斯里兰卡）*Falcataria moluccana*（*Albizia falcataria*）

含羞草科 MIMOSACEAE

景观植物大图鉴②

175

▲球花豆·爪哇合欢（原产中国、印度、印度尼西亚爪哇岛）*Parkia timoriana*

含羞草科常绿大乔木

球花豆类

- ●**植物分类**：球花豆属（*Parkia*）。
- ●**产地**：亚洲热带地区。
- 1.**球花豆**：别名爪哇合欢。园艺景观零星栽培。株高可达30米以上，老树有粗壮板根。二回羽状复叶，叶轴具一枚腺体，羽片大，小叶线形，略弯曲，50～80对，生长密集。春、夏季开花，头状花序，球形，具长柄，下垂。荚果扁平，革质。木材可作建材。
- 2.**美丽球花豆**：别名臭树、臭豆。园艺观赏零星栽培。株高可达25米，枝干有棘刺。二回羽状复叶，羽片大，小叶线形，18～35对，多数生长密集。春、夏季开花，头状花序，具长柄，下垂。荚果扁平如豆，种实扁椭圆形，先端微凸尖。嫩叶可作调味菜烹调食用。木材可作建材。
- ●**用途**：园景树。
- ●**生长习性**：阳性植物。性喜高温、湿润、向阳之地，生长适宜温度23～32℃，日照70%～100%。耐热不耐寒，冬季需温暖、避风越冬，10℃以下预防寒害。
- ●**繁育方法**：播种法，春季为适期。
- ●**栽培要点**：栽培介质以壤土或沙质壤土为佳。幼树春、夏季生长期施肥2～3次。春季修剪整枝。成树移植前需断根处理。

▲雨树（原产南美洲热带地区）
Albizia saman (*Samanea saman*)

▲美丽球花豆·臭树·臭豆（原产马来西亚）
Parkia speciosa

含羞草科落叶小乔木

银合欢

- **植物分类**：银合欢属（*Leucaena*）。
- **产地**：美洲热带地区。园艺景观零星栽培。
- **形态特征**：株高可达5米。枝叶揉碎有特殊味道。二回羽状复叶，小叶长椭圆形，长约1厘米，叶背粉绿色。春、夏季开花，头状花序，腋生，花冠球形，白色。荚果扁平，长达16厘米，熟果赤褐色。
- **用途**：园景树、绿篱和坡地水土保持树种。种子可替代咖啡豆冲泡饮料、制饰物。枝叶可作绿肥、饲料。木材可作薪炭。药用可治心烦失眠、肺痈、痈肿、糖尿病、骨折、跌打损伤等。
- **生长习性**：阳性植物。性喜高温、湿润、向阳之地，生长适宜温度23~32℃，日照70%~100%。生性强健粗放，耐热、耐旱、耐瘠，抗风。
- **繁育方法**：播种法，春、夏季为适期。
- **栽培要点**：栽培介质以沙砾土或沙质壤土为佳。落叶后修剪整枝，植株老化施以重剪或强剪。

▲ 银合欢（原产美洲热带地区）
Leucaena leucocephala

含羞草科常绿大乔木

雨树

- **植物分类**：合欢属（*Albizia*）。
- **产地**：南美洲热带地区。园艺景观普遍栽培。
- **形态特征**：株高可达20米。二回偶数羽状复叶，小叶斜方形或歪卵状长椭圆形，先端钝，叶面浓绿富光泽，叶被有毛。头状花序，枝端腋生，花冠粉扑形，花丝细长，上部粉红色，下部白色。荚果扁平，厚缘，革质或肉质。
- **花期**：春季至秋季开花。
- **用途**：园景树、行道树。木材可制家具、雕刻。
- **生长习性**：阳性植物。性喜高温、湿润、向阳之地，生长适宜温度22~30℃，日照70%~100%。生性强健，成长快速，耐热、耐旱，抗风。
- **繁育方法**：播种法，春季为适期。
- **栽培要点**：栽培介质以壤土或沙质壤土为佳。幼树春、夏季施肥2~3次。春季修剪整枝。成树移植前需断根处理。

▲ 雨树（原产南美洲热带地区）
Albizia saman（*Samanea saman*）

▲牛蹄豆·金龟树（原产亚洲、美洲热带地区）
Pithecellobium dulce

▲斑叶牛蹄豆·斑叶金龟树·锦龟树（栽培种）
Pithecellobium dulce 'Variegata'

含羞草科常绿乔木

牛蹄豆

- ●**别名**：金龟树。
- ●**植物分类**：围涎树属（猴耳环属）（*Pithecellobium*）。
- ●**产地**：亚洲、美洲热带地区。园艺景观零星栽培。
- ●**形态特征**：株高可达15米。羽片1对，小叶1对，叶基具锐刺1对；小叶肾形或倒卵形，先端钝，基略歪，全缘，叶形酷似金龟子翅膀。头状花序，腋生，花冠淡白绿色。荚果念珠状卷曲，黄红色。园艺栽培种有斑叶金龟树（锦龟树），叶色具粉红、白色斑纹或斑点，叶色殊雅，唯生长缓慢。
- ●**花期**：春季开花。
- ●**用途**：园景树、绿篱、海岸防风。假种皮可食用。
- ●**生长习性**：阳性植物。性喜高温、湿润、向阳之地，生长适宜温度23～32℃，日照70%～100%。生性强健，耐热、耐旱、耐盐、抗风。
- ●**繁育方法**：播种或扦插法，春季为适期。
- ●**栽培要点**：栽培介质以沙质壤土为佳。幼树春、夏季生长期施肥2～3次。春季修剪整枝。成树移植前需断根处理。

号角树科落叶乔木

号角树

- ●**植物分类**：号角树属（*Cecropia*）。
- ●**分布**：美洲热带地区。园艺景观零星栽培。
- ●**形态特征**：株高可达15米以上，具白色乳液。叶互生，圆盾形，直径20～30厘米，8～11掌裂，裂片倒卵形，先端有小突尖，纸质，叶背密被柔毛，灰白色。雌雄异株，伞形花序，腋生。果实2叉棍棒状，熟果赤褐色。叶形奇特，颇具图案之美。
- ●**花期**：夏季开花。
- ●**用途**：园景树、幼树盆栽。木材可制吹奏号角乐器。果实可食用，味如桑葚。
- ●**生长习性**：阳性植物。性喜高温、湿润、向阳之地，生长适宜温度22～30℃，日照70%～100%。生性强健，耐热、耐旱，不耐风。
- ●**繁育方法**：播种、高压法，春、夏季为适期。
- ●**栽培重点**：栽培介质以壤土或沙质壤土为佳。种植地点要避免强风。春、夏季生长期施肥2～3次。冬季落叶后修剪整枝。

▲号角树（原产墨西哥至厄瓜多尔、波多黎各）
Cecropia peltata

桑科常绿乔木
见血封喉

- **别名**：加布、箭毒木。
- **植物分类**：见血封喉属（*Antiaris*）。
- **产地**：东南亚及印度、中国热带地区。园艺观赏零星栽培。
- **形态特征**：株高可达40米，老树具板根，幼枝有毛。叶互生，椭圆形或披针形，先端短渐尖，基略歪，全缘，薄革质，两面均有粗毛。花腋生，雌花生于具鳞片梨形花托内。果实倒卵形，熟果紫红色。
- **用途**：园景树。树液剧毒，为世界最毒的植物。少数民族取汁混合蜂毒，供吹箭捕兽之用，人体应避免直接接触。茎皮纤维强韧，可制麻袋、绳索。
- **生长习性**：阳性植物。性喜高温、湿润、向阳之地，生长适宜温度23~32℃，日照70%~100%。耐热不耐寒、耐旱、耐瘠。
- **繁育方法**：播种法，成熟种子现采即播。
- **栽培要点**：栽培介质以沙质壤土为佳。幼树春、夏季生长期施肥2~3次。春季修剪整枝，修剪时需注意防护，树液不可接触人体。

▲见血封喉·加布·箭毒木（原产中国及东南亚和印度）*Antiaris toxicaria*

桑科落叶小乔木
龙爪桑

- **别名**：云龙桑。
- **植物分类**：桑属（*Morus*）。
- **产地**：桑树的园艺栽培种。园艺观赏零星栽培。
- **形态特征**：落叶小乔木。株高可达3米，枝条圆柱形，呈"S"形扭曲。叶互生，阔卵形，先端尖，锯齿缘，纸质。春季开花，雌雄异株，雄花葇荑花序下垂，雌花穗状花序。聚合果椭圆形，熟果红色至暗紫色。枝干殊雅，丰姿独具。
- **用途**：园景树。果实可生食、制果酒。叶片可养蚕、家畜。药用可治咳嗽、解热、黄疸等。
- **生长习性**：阳性植物。性喜温暖至高温、湿润、向阳之地，生长适宜温度18~30℃，日照70%~100%。生性强健，成长快速，耐热也耐寒、耐旱、耐湿。
- **繁育方法**：扦插或高压法，春季为适期。
- **栽培要点**：栽培介质以壤土或沙质壤土为佳。春、夏季施肥2~3次。冬季落叶后修剪整枝，植株老化施以重剪或强剪。

▲龙爪桑·云龙桑（栽培种）
Morus alba 'Tortuosa'

▲ 波罗蜜（原产印度）
Artocarpus heterophyllus

▲ 圆果波罗蜜（栽培种）
Artocarpus heterophyllus 'Vela'

▲ 小波罗蜜（栽培种）
Artocarpus heterophyllus 'Cempedak'

桑科常绿乔木

波罗蜜·面包树类

●**植物分类**：波罗蜜属（面包树属）（*Artocarpus*）。
●**产地**：亚洲及南太平洋岛屿热带地区。

1.**波罗蜜**：热带果树。园艺果树普遍栽培。株高可达20米以上，具白色乳液。叶互生，倒卵形或长椭圆形，先端钝或短尖，全缘或偶有浅裂，革质。春季开花，干生（树龄越高，干生部位越低），聚合果卵状椭圆形或长圆筒形，果重可达50公斤，为世界之最。果肉金黄，味香甜，可生食、制果干或酿酒。园艺栽培种有圆果波罗蜜、小波罗蜜、斑叶波罗蜜等。

2.**马来波罗蜜**：热带果树，株高可达20米以上，具白色乳液。叶倒卵形或长椭圆形，先端钝或短尖，全缘，革质。春季开花，干生，聚合果长圆筒形，熟果黄绿色。可生食、制果干或酿酒。

3.**香波罗蜜**：别名香面包树。热带果树。园艺观赏零星栽培。株高可达25米，枝叶酷似面包树。叶卵状长椭圆形或阔卵形，先端钝或渐尖，全缘或羽状掌裂，革质。聚合果球形，果径12～16厘米，密被软刺，熟果黄绿色。果肉白色，黏稠多汁芳香，可生食，种子可烘烤、煮食。

4.**面包树**：园艺景观普遍栽培。株高可达20米以上。叶卵状长椭圆形或广卵形，先端尖，全缘或上部羽状掌裂，革质。春季开花，聚合果球形或椭圆形，肥大肉质状，熟果黄色。果肉可烘烤、煮食、制果酱或酿酒。

5.**猴面果**：热带果树。园艺观赏零星栽培。株高可达20米。叶长椭圆形，先端有小突尖，全缘或疏锯齿缘，革质。聚合果扁球形或不规则卵形，常2～6个连体，果径2～12厘米，熟果橙黄色，多汁，可食用。

●**用途**：园景树、行道树、果树。木材可作建材、器具。面包树药用可治糖尿病、肝硬化、脾肿、颈肩背酸紧。波罗蜜可治疮疡、产后乳少。

●**生长习性**：阳性植物。性喜高温、湿润、向阳之地，生长适宜温度23～32℃，日照70%～100%。生性强健，耐热不耐寒、耐旱。

●**繁育方法**：播种法，成熟种子现采即播。

●**栽培要点**：栽培介质以壤土或沙质壤土为佳。春、夏季生长期施肥2～3次。成树细根疏少，不耐移植，以幼树或盆栽苗、袋苗定植为佳。

▲ 斑叶波罗蜜（栽培种）
Artocarpus heterophyllus 'Variegata'

▲ 香波罗蜜·香面包树（原产菲律宾及加里
曼丹岛）*Artocarpus odoratissimus*

▲ 马来波罗蜜（原产东南亚）
Artocarpus champeden

▲ 面包树（原产波利尼西亚、马来西亚、塔西提岛）
Artocarpus altilis

▲ 猴面果（原产印度、马来西亚、印度尼西亚爪哇
岛、新加坡）*Artocarpus lakoocha*

榕树类

● **植物分类**：榕树属（*Ficus*）。

● **产地**：广泛分布于非洲、亚洲和澳大利亚，热带、亚热带至暖带地区均有分布。

1. **榕树**：别名正榕。常绿大乔木，园艺景观普遍栽培。株高可达25米以上，全株有白色乳汁，干皮灰褐色，气根细长垂生，触地能长成树干状支柱根。叶互生，倒卵形或椭圆形，先端短突钝头，全缘，革质或厚革质。隐花果球形或倒卵形，腋生，熟果暗红色。

   自然变种有小叶榕、厚叶榕、傅园榕。园艺栽培种有黄金榕、乳斑榕、黄斑榕、宜农榕、细叶正榕、进士榕、满月榕等。适作园景树、行道树、绿篱、防风树、盆景。药用可治风湿关节痛、血淋、慢性支气管炎、慢性肠炎等。

2. **天仙果**：别名牛乳榕。落叶灌木或小乔木，园艺景观零星栽培。株高可达5米，全株有白色乳汁，枝叶密生茸毛。叶互生，倒卵形、长卵形或卵状椭圆形，先端突尖或尾尖，全缘或波状缘，纸质，幼株叶片披针形。雌雄异株，隐花果球形或倒卵形，腋生，熟果橙红至深紫红。适作园景树，果枝可作花材。药用可治下消、风湿关节痛、膀胱无力、糖尿病等。

3. **台湾榕**：别名羊乳榕。常绿小灌木，民间普遍栽培，可作药用。株高可达2米，全株有白色乳汁。叶形多变，有狭披针形、倒卵形或长椭圆形，先端

▲ 榕树·正榕（原产中国、澳大利亚、马来西亚、日本）*Ficus microcarpa*

▲ 小叶榕（原产中国台湾）*Ficus microcarpa* var.*pusillifolia*

▲ 厚叶榕·圆叶榕（原产中国台湾）*Ficus microcarpa* var.*crassifolia*

▲ 傅园榕（原产中国台湾）*Ficus microcarpa* var.*fuyuensis*

突尖或渐尖,全缘或上段有疏锯齿,纸质或膜纸,具白色小斑点。雌雄异株,隐花果卵形,腋生,形似羊乳头,果表有白色小斑点,熟果暗红或紫绿色。园艺栽培种有银叶台湾榕,叶片银灰色。适作园景树。药用可治百日咳、肺虚久咳、神经痛、催乳等。

4.干花榕:别名小西氏榕。常绿大乔木,园艺景观零星栽培。株高可达20米,全株有白色乳汁。叶卵形,先端渐尖或短尾尖,长10~20厘米,全缘或不明显疏锯齿,革质。雌雄异株,隐花果扁球形,具长梗,簇生于枝干,果顶脐状。幼树喜好阴湿地,成株枝干结实累累,颇为奇特,适作园景树、诱鸟树。

5.大叶赤榕:别名大叶雀榕。常绿大乔木,园艺景观零星栽培。树形酷似雀榕(鸟榕),株高可达20米,全株有白色乳汁,气根垂生,触地能长成树干状支柱根。叶长椭圆形,先端短尾尖,全缘,纸质,新叶暗红色。隐花果球形,腋生或干生,熟果紫褐色,基苞宿存。适作园景树、行道树、诱鸟树。

6.菲律宾榕:别名金氏榕。常绿乔木,园艺景观零星栽培。株高可达10米以上,全株有白色乳汁,干皮深褐色。叶互生,卵形、长椭圆形或披针形,先端锐,基略歪,全缘,薄革质。叶面疏被粗糙毛,幼株叶缘有不规则浅裂或深裂。雌雄异株,隐花果球形,腋生,熟果橙红至红色。适作园景树。木材可制纸浆,也可作栽培木耳之段木。

▲ 黄金榕(栽培种)
Ficus microcarpa 'Golden Leaves'

▲ 乳斑榕(栽培种)
Ficus microcarpa 'Milky Stripe'

▲ 细叶正榕(栽培种)
Ficus microcarpa 'Amabigus'

▲ 宜农榕(栽培种)
Ficus microcarpa 'I-Non'

▲ 黄斑榕(栽培种)
Ficus microcarpa 'Yellow Stripe'

▲进士榕（栽培种）
Ficus microcarpa 'Ching Su'

▲满月榕（栽培种）
Ficus microcarpa 'Full Moon'

7.九丁榕：别名脉叶榕。常绿中乔木，园艺景观零星栽培。株高可达15米，全株有白色乳汁，老树有板根和气生根，干皮深褐色。叶互生，长椭圆形或长椭圆状倒披针形，先端锐尖或突尖，全缘，革质。隐花果球形，腋生，有长梗，熟果黄转暗红色。适作园景树、行道树、水土保持护坡树。木材可作板材或箱材。

8.横脉榕：别名兰屿落叶榕。落叶中乔木，台湾特有植物，原生于恒春半岛南仁山、兰屿，野生族群数量少，需保育，园艺景观零星栽培。株高可达15米，全株有淡白色乳汁。叶互生，阔卵形或卵状椭圆形，先端锐或具短尾，全缘，厚纸质。一年落叶数次，落叶前叶片转变黄色。雌雄异株，隐花果形或扁球形，熟果橙红色。适作园景树。木材可作板材。

9.垂榕：别名白榕、孟占明榕。常绿大乔木，园艺景观零星栽培。株高可达20米以上，全株有白色乳汁，干皮灰白色，气根细长垂生，触地能长成树干状支柱根。叶互生，卵形至椭圆形，先端短突尖，全缘，革质，富光泽。隐花果卵形或球形，成对腋生，无柄，熟果橙红色。

自然变种有黄果垂榕。园艺栽培种极多，有波叶垂榕（园艺景观广泛栽培）、斑叶垂榕、黄金垂榕、密叶垂榕、月光垂榕、金公主垂榕、密光垂榕、密圆垂榕、白玉垂榕等。适作园景树、行道树、绿篱、盆栽，宜修剪造型。

10.象耳榕：别名大果榕、巨叶榕。园艺景观零星栽

▲天仙果·牛乳榕（原产中国、印度、马来西亚以及日本）
Ficus erecta var. *beecheyana*

▲台湾榕·羊乳榕（原产中国）
Ficus formosana

▲银叶台湾榕（栽培种）
Ficus formosana 'Variegata'

培。株高可达9米以上，全株有淡白乳汁，幼枝有柔毛，中空。叶阔卵形或心形，叶片极大，长可达50厘米，先端短钝尖，细齿状缘，纸质，叶面有皱状凸起，新叶红褐色。隐花果密生枝干，倒圆锥形或扁球形，熟果红褐色。适作园景树。

11.**高山榕**：常绿乔木。园艺景观零星栽培。株高可达30米，全株有白色乳汁。叶卵状椭圆形，叶片大，长18～28厘米，先端突尖或钝圆，全缘，厚革质，幼叶之叶柄、主脉暗红色。隐花果成对腋生，卵球形，熟果橙红色。园艺栽培种有斑叶高山榕，叶面边缘金黄色，亮丽逸雅。成长快速，适作园景树、行道树、盆栽。

12.**柳叶榕**：别名细叶垂枝榕。常绿小乔木，园艺观赏零星栽培。株高可达5米以上，全株有白色乳汁，枝条细软，叶片下垂。叶互生，菱状歪披针形，先端渐尖或斜渐尖，上部全缘，下部叶缘具2棱角或浅裂状，革质。隐花果球形或卵形。适作园景树、行道树、盆栽。生长缓慢，枝条细致，繁殖力较弱。

13.**革叶榕**：常绿乔木，园艺观赏零星栽培。株高可达5米，全株有白色乳汁，地生或附生。叶互生，倒卵形或卵状倒披针形，长可达20厘米，先端突尖，全缘，革质。隐花果球形或梨形，先端凸出。适作园景树。

14.**孟加拉榕**：别名红果榕。常绿大乔木，园艺景观零星栽培。株高可达20米以上，全株有白色乳汁。叶互生，卵形、卵圆形或椭圆形，先端钝或

▲干花榕·小西氏榕（原产中国及东南亚、菲律宾和日本）*Ficus variegata* var.*garciae*

▲大叶赤榕·大叶雀榕（原产中国台湾和东南亚及印度、缅甸、日本）*Ficus caulocarpa*

▲横脉榕·兰屿落叶榕（原产中国台湾）*Ficus ruflicaulis* var. *anthaoensis*

▲九丁榕·脉叶榕（原产中国、印度、马来西亚）*Ficus nervosa*

▲菲律宾榕·金氏榕（原产中国台湾及印度、菲律宾和日本）*Ficus ampelas*

圆，全缘，革质。隐花果腋生成对，无柄，球形至扁球形，熟果红色。气根着地后极易转变成支柱根。自然变种有囊叶榕，叶基卷曲呈囊状，甚奇特。适作园景树、行道树。

15.**亚里垂榕**：常绿乔木，园林景观普遍栽培。高可达15米，全株有白色乳汁。叶互生，线状披针形，先端渐尖，全缘，革质；叶面曲角，主脉凸出，淡红色，叶片下垂状。隐花果卵形或陀螺状球形。园艺栽培种有金亚垂榕，生长缓慢，叶片金黄色，具少数绿色斑块或斑点；金亚垂榕是中性植物，日照50%～70%为佳，日照太强叶片容易烧焦。适作园景树、行道树、盆栽。

16.**长叶垂榕**：别名麦克榕。常绿乔木，园艺景观零星栽培。株高可达18米，全株有白色乳汁，幼枝密被瘤点。叶互生，卵状披针形或卵状长椭圆形，先端渐尖或短尖，全缘，革质，叶面偶见小瘤点。隐花果成对腋生，陀螺状球形，熟果黄色。适作园景树、行道树。

17.**雅榕**：别名小长叶榕。常绿乔木，园艺观赏零星栽培。株高可达20米，全株有白色乳汁。叶互生，长椭圆状披针形或狭椭圆形，先端钝或渐尖，全缘，革质。隐花果成对腋生或3～4枚簇生，球形。园艺栽培种有无柄雅榕，果实无柄或近无柄。适作园景树、绿篱、盆栽。

18.**三角榕**：常绿灌木或小乔木，园艺景观零星栽培。株高可达3米，全株有白色乳汁，枝软常斜弯下垂。叶倒三角形或倒阔卵形，先端平圆或凹

▲ 垂榕·白榕·孟占明榕（原产中国、印度、澳大利亚、马来西亚、菲律宾） *Ficus benjamina*

▲ 波叶垂榕（栽培种）
Ficus benjamina 'Exotica'

▲ 黄果垂榕（原产印度、菲律宾） *Ficus benjamina* var. *comosa*

▲ 斑叶垂榕（栽培种）
Ficus benjamina 'Variegata'

入，全缘，革质，浓绿富光泽。隐花果球形或卵形，熟果橙红色。生长缓慢，适作园景树、盆栽。园艺栽培种有斑叶三角榕，叶面具乳黄色斑纹。

19.**琴叶榕**：别名提琴叶榕。常绿乔木，园艺景观普遍栽培。株高可达15米。叶互生，叶片大，提琴形，长可达40厘米，先端截形或凹入，具小突尖，波状缘，硬革质。隐花果球形。适作园景树、行道树。

20.**寄生榕**：常绿灌木或小乔木。园艺观赏零星栽培。株高可达2米，地生或附生。叶互生，倒卵形或倒三角形，先端圆，全缘，厚革质，叶背淡黄至黄褐色。隐花果球形或卵形，具长柄，熟果黄绿色。适作园景树、盆栽。

21.**餐盘榕**：常绿灌木。园艺观赏零星栽培。株高可达2米，基部肥大。叶互生，阔心形，先端锐尖，波状缘，革质；叶面蓝绿色，叶脉和叶柄乳白或红色。适作园景树、盆栽。

●**生长习性**：阳性植物。性喜高温、湿润、向阳之地，生长适宜温度23～32℃，日照70％～100％。生性强健，耐热、极耐旱、耐瘠、抗风、抗污染。

●**繁育方法**：播种、扦插、高压或嫁接法，春、夏季为适期。

●**栽培要点**：栽培介质以壤土或沙质壤土为佳。幼树春、夏季生长期施肥2～3次。春季修剪整枝，造型树或绿篱随时做必要之修剪。中、大乔木成树移植之前需断根处理。

▲黄金垂榕（栽培种）
Ficus benjamina 'Golden Leaves'

▲金公主垂榕（栽培种）
Ficus benjamina 'Golden Princess'

▲密圆垂榕（栽培种）
Ficus benjamina 'Natasja Round'

▲密叶垂榕（栽培种）
Ficus benjamina 'Natasja'

▲密光垂榕（栽培种）
Ficus benjamina 'Natasja Lemon'

▲月光垂榕（栽培种）
Ficus benjamina 'Reginald'

▲白玉垂榕（栽培种）
Ficus benjamina 'Nana Album'

▲象耳榕·大果榕·巨叶榕（原产亚
洲热带地区） *Ficus auriculata*

▲高山榕（原产亚洲热带地区）
Ficus altissima

▲斑叶高山榕·富贵榕（栽培种）
Ficus altissima 'Golden Edged'

▲柳叶榕·细叶垂枝榕（原产亚洲
热带地区） *Ficus celebensis*

▲革叶榕（原产非洲热带地区）
Ficus cyathistipula

▲孟加拉榕·红果榕（原产印度、斯里
兰卡） *Ficus benghalensis*

▲囊叶榕（原产印度、斯里兰卡）
Ficus bengalensis var. *krishnae*

▲ 亚里垂榕（原产马来半岛及加里曼丹岛） *Ficus binnendijkii*

▲ 金亚垂榕（栽培种） *Ficus binnendijkii* 'Alii Gold'

▲ 长叶垂榕·麦克榕（原产东南亚和中国） *Ficus maclellandii*

▲ 雅榕·小长叶榕（原产中国、菲律宾） *Ficus concinna*

▲ 三角榕（原产非洲热带地区） *Ficus triangularis*

▲ 斑叶三角榕（栽培种） *Ficus triangularis* 'Variegata'

▲ 琴叶榕·提琴叶榕（原产非洲热带地区） *Ficus lyrata*

▲ 寄生榕（原产苏门答腊、爪哇、加里曼丹岛、沙捞越） *Ficus deltoidea*

▲ 餐盘榕（原产墨西哥） *Ficus petiolaris*

▲ 橡胶榕·印度橡胶树·缅树（原产印度、缅甸、爪哇、马来西亚）*Ficus elastica*

▲ 红橡胶榕·红肋印度橡胶树（栽培种）
Ficus elastica 'Decora'

桑科常绿乔木
橡胶榕类

- **别名**：印度橡胶树、缅树。
- **植物分类**：榕树属（*Ficus*）。
- **产地**：亚洲热带地区。园艺景观普遍栽培。
- **形态特征**：株高可达30米，枝干易生气根，全株有白色乳汁。叶互生，椭圆形或长卵形，长15～30厘米，先端锐或突尖，全缘，厚革质。隐花果成对腋生，卵状长椭圆形，熟果紫黑色。园艺栽培种极多，叶色缤纷优雅，如红橡胶榕、斑叶橡胶榕、密叶橡胶榕、彩斑橡胶榕、美叶橡胶榕、锦叶橡胶榕、黑叶橡胶榕。
- **用途**：园景树、行道树。白色乳汁早期为橡胶原料，现已被巴西橡胶树取代。药用可治经闭、胃痛、风湿骨痛、外伤出血、疔疮肿毒等。
- **生长习性**：阳性植物。性喜高温、湿润、向阳之地，生长适宜温度23～32℃，日照70%～100%。生性强健粗放，成长快速，耐热也耐寒，极耐旱、耐瘠，耐修剪，抗风。
- **繁育方法**：扦插或高压法，但以高压法为主，春、夏季为适期。
- **栽培要点**：栽培介质以壤土或沙质壤土为佳。春、夏季生长期施肥2～3次。春季修剪整枝。成树移植之前需断根处理。

▲ 密叶橡胶榕·密叶印度橡胶树（栽培种）
Ficus elastica 'Decora La France'

▲ 斑叶橡胶榕·斑叶印度橡胶树（栽培种）
Ficus elastica 'Variegata'

▲ 美叶橡胶榕·美叶印度橡胶树（栽培种）
Ficus elastica 'Decora Tricolor'

桑科半落叶乔木

菩提树

- **植物分类**：榕树属（*Ficus*）。
- **产地**：亚洲热带地区。园艺景观普遍栽培。
- **形态特征**：株高可达18米，干皮灰褐色，全株有淡白色乳汁。叶互生，三角状心形或阔卵形，先端尾状渐尖，全缘，革质，新叶红褐色。隐花果扁球形，成对腋生，无柄，熟果暗紫色。园艺栽培种有翡翠菩提树，叶面有白色斑纹。
- **用途**：园景树、行道树。药用可治胆囊炎、糖尿病、牙痛、梅毒、淋病等。
- **生长习性**：阳性植物。性喜高温、湿润、向阳之地，生长适宜温度23～32℃，日照70%～100%。生性强健，成长快速，耐热、极耐旱、耐瘠，抗污染。
- **繁育方法**：扦插或高压法。高压为主，春、夏季为适期。
- **栽培要点**：栽培介质以壤土或沙质壤土为佳。春、夏季生长期施肥2～3次。春季或落叶后修剪整枝（春、夏之交常有短暂落叶现象）。成树移植之前需断根处理。

▲菩提树·菩提榕（原产中国、印度、缅甸、斯里兰卡） *Ficus religiosa*

▲锦叶橡胶榕·锦叶印度橡胶树（栽培种）
Ficus elastica 'Doescheri'

▲翡翠菩提树（栽培种）
Ficus religiosa 'Variegata'

▲黑叶橡胶榕·黑叶印度橡胶树（栽培种）
Ficus elastica 'Decora Burgundy'

▲彩斑橡胶榕·彩霞印度橡胶树（栽培种）
Ficus elastica 'Decora Schrijvereana'

桑科常绿灌木或乔木

鹊肾树

- ●**别名**：鸡子、万里果。
- ●**植物分类**：鹊肾树属（*Streblus*）。
- ●**产地**：中国南部至西南部及东南亚热带地区。
- ●**形态特征**：株高可达5米，小枝被毛。叶互生，椭圆形或倒卵状椭圆形，先端钝或短渐尖，全缘或不规则疏锯齿缘，纸质，两面粗糙。春季开花，头状花序，单生或簇生叶腋。核果球形，熟果黄色。
- ●**用途**：园景树、绿篱、造型树、盆景。木材可制家具，茎皮可制麻袋、造纸、制人造棉。
- ●**生长习性**：阳性植物。性喜高温、干燥、向阳之地，生长适宜温度23～32℃，日照70%～100%。生性强健，耐热、耐旱、耐瘠，抗风。
- ●**繁育方法**：播种、扦插或高压法，春、夏季为适期。
- ●**栽培要点**：栽培介质以沙质壤土为佳。春、夏季生长期施肥2～3次。绿篱或造型树随时做必要之修剪整枝、施肥，促进枝叶生长茂密。

▲鹊肾树·鸡子·万里果（原产亚洲及中国热带地区）*Streblus asper*

▲鹊肾树·鸡子·万里果（原产亚洲及中国热带地区）*Streblus asper*

▲辣木（原产印度）
Moringa oleifera

▲辣木（原产印度）
Moringa oleifera

辣木类

- **植物分类**：辣木属（*Moringa*）。
- **产地**：非洲、印度、马来西亚等热带地区。
1. **辣木**：落叶小乔木。园艺观赏零星栽培。株高可达8米，地下有块根。二至三回羽状复叶，小叶椭圆形，先端钝，全缘，膜质。夏季开花，圆锥花序，腋生，小花白色，具香气。果实长圆柱形，有纵沟，3瓣裂。全株香辛味独特，叶及嫩果可作菜肴；块根有辣味，可制调味料，种子可焙烤、榨油。
2. **象脚辣木**：别名象脚树。常绿小乔木。园艺景观普遍栽培。株高可达6米，枝干肥厚多肉，主干下部肥大酷似象脚。二回羽状复叶，小叶椭圆状镰刀形，先端有小突尖，全缘，膜质，粉绿至粉蓝色。夏季开花，圆锥花序，腋生，小花淡黄至乳黄色。
- **用途**：园景树、幼树盆栽。
- **生长习性**：阳性植物。性喜高温、湿润、向阳之地，生长适宜温度23～32℃，日照70%～100%。生性强健，耐热、极耐旱，不耐风。
- **繁育方法**：播种法，春季为适期。
- **栽培要点**：栽培介质以壤土或沙质壤土为佳。春、夏季施肥2～3次。落叶后或花、果期过后修剪整枝，修剪主干下部侧枝能促进长高。

▲ 象脚辣木·象脚树（原产非洲热带地区）
Moringa thouarsii

▲ 象脚辣木·象脚树（原产非洲热带地区）
Moringa thouarsii

▲ 象脚辣木·象脚树（原产非洲热带地区）
Moringa thouarsii

▲ 杨梅·锐叶杨梅·树梅（原产中国、日本、韩国、菲律宾） *Myrica rubra*

▲ 大果杨梅（栽培种）
Myrica rubra 'Moriguch'

杨梅科常绿灌木或乔木

杨梅类

●**植物分类**：杨梅属（*Myrica*）。

●**产地**：亚洲东部至东北部，热带至暖带地区。

1.**杨梅**：别名锐叶杨梅、树梅。常绿乔木，园艺景观普遍栽培。株高可达15米，幼枝光滑。叶互生或丛生枝端，倒长卵形或倒披针形，先端钝或锐，全缘或上段有疏锯齿，革质。雌雄异株，菜黄花序腋生，黄红色。核果球形，果径1～1.5厘米，熟果红色，外被细瘤粒。园艺栽培种有大果杨梅，果粒大，果径可达2.2厘米。生性强健，成长缓慢，性喜温暖、湿润、向阳至略荫蔽之地，生长适宜温度18～28℃，日照60%～100%。

2.**青杨梅**：别名恒春杨梅。常绿灌木或小乔木，园艺景观零星栽培。株高可达2.5米以上，幼枝有毛。叶螺旋状互生，倒卵形或倒卵状长椭圆形，先端钝或微凹，疏锐锯齿缘，革质。雌雄异株，菜黄花序腋生，黄红色。核果球形或椭圆形，熟果红色，外被细瘤粒。性喜高温、湿润、向阳之地，生长适宜温度22～32℃，日照70%～100%。

●**用途**：园景树、行道树、果树、诱鸟树、绿篱。

●**花期**：春末至夏季开花。

●**用途**：果实可生食，制蜜饯、果酱。药用可治胃气痛、痢疾、火伤、肉芽、跌打损伤、齿痛等。

●**繁育方法**：播种、扦插法，春季为适期。大果杨梅用嫁接法，砧木可用杨梅。

●**栽培要点**：栽培介质以壤土或沙质壤土为佳。春季至秋季施肥3～4次。果期过后修剪整枝。成树移植之前需断根处理。

▲ 青杨梅·恒春杨梅（原产中国）
Myrica adenophora

▲ 青杨梅·恒春杨梅（原产中国）
Myrica adenophora

肉豆蔻科常绿乔木

肉豆蔻类

●**植物分类**：肉豆蔻属（*Myristica*）。

●**产地**：亚洲热带地区。

1.**肉豆蔻**：别名玉果。常绿小乔木，园艺观赏零星栽培。株高可达5米。叶互生，椭圆形或椭圆状披针形，长4～7厘米，先端短渐尖，全缘，革质。聚伞或圆锥花序，核果梨形或卵形，具短梗，果皮皱缩状，熟果褐色，2瓣开裂，假种皮红色。热带著名香料植物，假种皮可当烹饪香辛调味料，精油可制香皂、头油、香料。药用可治泻痢、肠胃胀气、驱风、风湿痛等。

2.**卵果肉豆蔻**：别名兰屿肉豆蔻。常绿大乔木，园艺景观零星栽培。株高可达20米，干直。叶互生，长椭圆形，长15～25厘米，先端锐，厚纸质至革质。雄花聚伞或圆锥花序，小花黄白色。核果卵状椭圆形，果皮有褐色毛，熟果赤褐色，2瓣开裂，假种皮红色。种子含油脂，可供染布定色。种仁可制健胃药、香料代用品。药用可治积冷心腹胀痛、宿食痰饮。

3.**红头肉豆蔻**：别名球果肉豆蔻。常绿中乔木，园艺景观零星栽培。株高可达15米，叶互生，长椭圆形，长8～15厘米，先端锐，全缘，硬纸质或薄革质。聚伞或圆锥花序，顶梢腋生，小花黄白色。核果球形，果皮光滑，果顶微凸，熟果黄橙色，2瓣开裂，假种皮红色。

●**用途**：园景树、行道树。

●**生长习性**：阳性植物。性喜高温、湿润、向阳之地，生长适宜温度23～32℃，日照70%～100%。

●**繁育方法**：播种法，春季为适期。

●**栽培要点**：栽培介质以壤土或沙质壤土为佳。幼树春、夏季施肥2～3次。春季修剪整枝。成树移植之前需断根处理。

▲肉豆蔻·玉果（原产马鲁古群岛）
Myristica fragrans

▲卵果肉豆蔻·兰屿肉豆蔻（原产菲律宾、中国）
Myristica cagayanensis

▲红头肉豆蔻·球果肉豆蔻（原产菲律宾、中国）
Myristica elliptica var. *simiarum*

▲红头肉豆蔻核果球形，熟果2瓣开裂，假种皮红色

紫金牛科常绿灌木或小乔木

东方紫金牛

- **植物分类**：紫金牛属（*Ardisia*）。
- **产地**：亚洲热带地区。
- **形态特征**：株高可达4米，全株光滑。叶互生，倒卵形或倒披针形，先端锐，全缘，革质，新芽暗红色。伞形花序腋生，花冠淡桃红色。核果扁球形，熟果暗红转紫黑色。园艺栽培种有斑叶紫金牛。
- **用途**：园景树、绿篱，宜修剪造型。药用可治支气管炎、肺炎、痰咳。
- **生长习性**：中性植物。性喜高温、湿润、向阳至荫蔽之地，生长适宜温度22～32℃，日照60%～100%。生性强健粗放，萌芽力强，耐热、耐阴，抗风。
- **繁育方法**：播种、扦插或高压法，春季至秋季为适期。
- **栽培要点**：栽培介质以壤土或沙质壤土为佳。春、夏季施肥2～3次。春、夏季修剪整枝，绿篱随时做必要之修剪整枝，植株老化施以重剪或强剪。

▲ 东方紫金牛·春不老（原产海南岛、中南半岛、泰国、缅甸、斯里兰卡）*Ardisia squamulosa*

桃金娘科常绿乔木

垂枝松梅

- **别名**：垂枝薄子木、垂枝茶树。
- **植物分类**：薄子木属、松红梅属（*Leptospermum*）。
- **产地**：澳大利亚热带至亚热带地区。
- **形态特征**：株高可达8米，小枝下垂，形似垂柳。叶互生，线形或线状长披针形，先端渐尖，略斜弯，全缘，硬纸质。花腋生，花冠近似钟形，5瓣，乳白至乳黄色。
- **花期**：春、夏季开花。
- **用途**：园景树、行道树。
- **生长习性**：阳性植物。性喜高温、湿润、向阳之地，生长适宜温度22～32℃，日照70%～100%。生性强健，耐热、耐旱，抗风。
- **繁育方法**：扦插或高压法，春季为适期。
- **栽培要点**：栽培介质以壤土或沙壤土为佳。春季至秋季生长期施肥3～4次。春季修剪整枝，枝条老化施以重剪。成树移植前需断根处理。

▲ 斑叶紫金牛（栽培种）
Ardisia elliptica 'Variegata'

桃金娘科常绿乔木

肖蒲桃类

●**植物分类**：肖蒲桃属（*Acmena*）。

●**产地**：亚洲、澳大利亚热带至亚热带地区。

1.**肖蒲桃**：别名赛赤楠。常绿中乔木，园艺景观零星栽培。株高可达10米，小枝略呈方形，紫红色。叶对生，椭圆形或卵状披针形，先端尾状锐尖，全缘，革质，幼叶红褐色。聚伞圆锥花序顶生，小花黄白色。浆果状核果球形，熟果紫红转紫黑色。

2.**澳洲肖蒲桃**：别名小弹珠。常绿乔木，园艺景观零星栽培。株高可达12米，小枝暗红色。叶对生，卵形或卵状披针形，先端长，渐尖钝头，全缘，革质，幼叶粉红色。春、夏季开花，短聚伞圆锥花序，顶生，花冠白或淡粉红。浆果球形至椭圆形，熟果红或粉红色。

●**用途**：园景树、绿篱、诱鸟树，宜修剪造型。

●**生长习性**：阳性植物。性喜高温、湿润、向阳之地，生长适宜温度22～32℃，日照70%～100%。生性强健、耐热、耐湿、耐旱，抗风。

●**繁育方法**：播种或扦插法，春、秋季为适期。

●**栽培要点**：栽培介质以壤土或沙质壤土为佳。春季至秋季施肥3～4次。春季修剪整枝，绿篱随时做必要之修剪。成树不耐移植，移植前需断根处理。

▲ 肖蒲桃·赛赤楠（原产中国南部、东南亚和印度、澳大利亚） *Acmena acuminatissima*

▲ 澳洲肖蒲桃·小弹珠（原产澳大利亚）
Acmena smithii

▲ 垂枝松梅·垂枝薄子木·垂枝茶树（原产澳大利亚）*Leptospermum brachyandrum*

▲ 澳洲肖蒲桃·小弹珠（原产澳大利亚）
Acmena smithii

▲台湾蒲桃·红芽赤楠（原产中国台湾）
Syzygium formosanum

▲斑叶台湾蒲桃（栽培种）
Syzygium formosanum 'Variegata'

▲赤楠·假黄杨·山乌珠（原产中国南部及日本）
Syzygium buxifolium

▲密脉赤楠（原产中国台湾）
Syzygium densinervium var.*insulare*

桃金娘科常绿灌木或中、大乔木

蒲桃类

●**植物分类**：蒲桃属（*Syzygium*）。

●**产地**：亚洲和澳大利亚热带至亚热带地区。

1.**台湾蒲桃**：别名红芽赤楠。常绿中乔木，台湾特有植物，原生于中、低海拔山区，园艺景观普遍栽培。株高可达10米以上，幼枝光滑。叶对生，长椭圆形或倒卵形，先端渐尖或钝头，全缘，革质，幼叶暗红色。聚伞或圆锥花序，顶生，花冠淡白色。浆果球形，熟果暗紫红色。适作园景树、行道树、诱鸟树、绿篱。园艺栽培种有斑叶台湾蒲桃，叶面具白色、淡红色斑纹。

2.**赤楠**：别名假黄杨、山乌珠。常绿灌木或小乔木。园艺景观零星栽培。株高可达4米以上，幼枝光滑。叶对生，倒阔卵形或长椭圆形，先端锐尖、钝圆或微凹，全缘，革质，新叶暗红色。聚伞或圆锥花序，顶生，小花白色。浆果状核果球形，熟果暗紫红色。适作园景树、诱鸟树、绿篱。

3.**密脉赤楠**：常绿灌木或小乔木。台湾特有植物，园艺景观零星栽培。株高可达5米，幼枝光滑。叶对生，倒卵状椭圆形，先端钝或短突尖，全缘，厚革质，侧脉密集。聚伞状圆锥花序，顶生，小花白色。浆果状核果卵形，熟果暗紫红色。适作园景树、诱鸟树、绿篱。

4.**长红木**：常绿灌木或小乔木。园艺景观零星栽培。株高可达2.5米，叶对生，长卵形或椭圆状阔披针

形，先端钝或渐尖，全缘，革质，新叶暗红色。聚
伞花序，顶生或腋生，花冠白色。适作园景树、绿
篱，宜修剪造型；枝叶四季青翠，新叶红焰美观，
观赏价值高。

5.**轮叶蒲桃**：别名金门赤楠。常绿小灌木，园艺景观
零星栽培。株高可达1.2米，枝叶纤细。叶对生或
3枚轮生，披针形、长椭圆形或倒卵状长椭圆形，
长1.5～3厘米，先端钝圆，全缘，革质，新叶暗红
色。聚伞花序，顶生，花冠白色。浆果球形，熟果
暗紫红色。适作园景树、绿篱和地被植物。

6.**蒲桃**：别名香果。常绿小乔木，园艺景观零星栽
培。株高可达9米，叶对生，长椭圆状披针形，先
端渐尖，全缘，革质。聚伞花序，顶生，花冠黄绿
色。浆果卵圆形，熟果淡黄白色，中空，内有种
子1～3粒，摇动有声，具玫瑰香气，味淡甜，可生
食。适作园景树、行道树、绿篱。

7.**马六甲蒲桃**：别名玫瑰苹果。常绿中乔木。园艺观
赏零星栽培。株高可达10米，叶对生，长椭圆形或
倒卵形，先端钝或尖，全缘，厚纸质。聚伞花序，
干生，花冠鲜红色。浆果倒圆锥形，果径3～6厘

▲ 长红木（原产马来西亚）
Syzygium rubrum (Syzygium campanulatum)

▲ 轮叶蒲桃·金门赤楠（原产中国）
Syzygium grijsii

▲ 蒲桃·香果（原产亚洲热带地区）
Syzygium jambos (Eugenia jambos)

▲ 马六甲蒲桃·玫瑰苹果（原产马来西亚）
Syzygium malaccense (Eugenia malaccense)

▲海南蒲桃·乌墨（原产中国、马来西亚、印度、澳大利亚）*Syzygium cuminii*（*Eugenia cuminii*）

▲狭叶海南蒲桃（原产印度、巴基斯坦）*Syzygium cuminii* var.*caryophyllifolium*

▲大蒲桃·海莲雾（原产亚洲和澳大利亚热带地区）*Syzygium firmum*

米，形似莲雾，熟果紫红色，可生食、制果酱。适作园景树。

8.海南蒲桃：别名乌墨。常绿中乔木，园艺景观零星栽培。株高可达10米以上，小枝下垂。叶对生，卵状椭圆形，先端突尖，全缘，革质。短圆锥花序，花冠白或带紫色。浆果球形或椭圆形，熟果暗红至紫黑色。变种有狭叶海南蒲桃，叶片披针形。适作园景树、行道树。

9.大蒲桃：别名海莲雾。常绿乔木。园艺观赏零星栽培。株高可达15米以上，叶对生，椭圆形或倒卵形，先端短渐尖钝头，全缘，革质。聚伞花序，花冠乳黄色。浆果近球形或椭圆形。适作园景树、行道树。

●生长习性：阳性植物。性喜高温、湿润、向阳之地，生长适宜温度22～30℃，日照70%～100%。生性强健，耐热、耐旱、耐湿。

●繁育方法：播种、扦插或高压法，春季为适期。

●栽培要点：栽培介质以壤土或沙质壤土为佳。春季至秋季施肥3～4次。春季修剪整枝，绿篱随时做必要修剪。中大乔木成树移植前需断根处理。

桃金娘科常绿灌木或小乔木

拟香桃木

●别名：树葡萄、嘉宝果。

●植物分类：拟香桃木属（*Myrciaria*）。

●产地：南美洲热带地区。

●形态特征：热带果树。株高可达5米，树皮易剥落，枝干光滑。叶对生，卵形或卵状椭圆形，先端尖，全缘，厚纸质，新叶褐红色。花簇生于老枝干，小花白色。浆果球形，熟果暗红至紫黑色。

●花期：春、夏季开花。

●用途：园景树、诱鸟树、大型盆栽。果实可生食、制果汁、果酱。

●生长习性：阳性植物。性喜高温、湿润、向阳之地，生长适宜温度22～32℃，日照70%～100%。生性强健，生长缓慢，耐热、耐旱、耐湿。

●繁育方法：播种法，春、秋季为适期。

●栽培要点：栽培介质以壤土或沙质壤土为佳。春、夏季生长期施肥2～3次；成树多施磷、钾肥能促进结果。开花结果都在老枝干，避免重剪或强剪。

桃金娘科常绿灌木或小乔木

番樱桃类

● **植物分类**：番樱桃属（*Eugenia*）。

● **产地**：南美洲热带至亚热带地区。

1. **单子番樱桃**：别名单子蒲桃。常绿灌木。园艺景观零星栽培。株高可达2米，叶对生，椭圆形或长椭圆形，先端钝或锐，全缘，厚革质。春季开花，聚伞花序，顶生或腋生，花冠白色。浆果球形，熟果红色，可生食。

2. **巴西番樱桃**：别名巴西蒲桃。常绿小乔木。园艺果树零星栽培。株高可达3米，小枝略呈紫褐色。叶对生，倒卵形或倒阔披针形，先端钝或渐尖钝头，全缘，革质，叶背淡绿色，幼叶紫褐色。夏季开花，腋生，小花白色。浆果球形或扁球形，熟果紫黑色，可食用。

● **用途**：园景树。单子番樱桃可作绿篱。

● **生长习性**：阳性植物。性喜高温、湿润、向阳之地，生长适宜温度22～32℃，日照70%～100%。生性强健，耐热也耐寒、耐旱，抗风。

● **繁育方法**：播种、扦插或高压法，春季为适期。

● **栽培要点**：栽培介质以壤土或沙质壤土为佳。春、夏季施肥2～3次。单子番樱桃绿篱随时做必要修剪。植株老化施以重剪或强剪。

▲ 单子番樱桃·单子蒲桃（原产巴西、阿根廷）
Eugenia pitanga

▲ 巴西番樱桃·巴西蒲桃（原产巴西）
Eugenia dombeyi（Eugenia brasiliensis）

▲ 拟香桃木·嘉宝果·树葡萄（原产巴西）
Myrciaria cauliflora

▲ 拟香桃木·嘉宝果·树葡萄（原产巴西）
Myrciaria cauliflora

▲ 番石榴・拔仔・芭乐（原产美洲和西印度热带地区）*Psidium guajava*

▲ 斑叶番石榴（栽培种）
Psidium guajava 'Variegata'

桃金娘科常绿大灌木或小乔木

番石榴类

- **别名**：拔仔、芭乐。
- **植物分类**：番石榴属（*Psidium*）。
- **产地**：中美洲、南美洲热带地区。
- **形态特征**：株高可达8米，幼枝四棱形。叶对生，长卵形或长椭圆形，先端锐，全缘，厚纸质。全年均能开花，聚伞花序，腋生，花冠白色。浆果球形、椭圆形或长卵形。杂交种有泰国拔；园艺栽培种极多，经济果树如梨仔拔、珍珠拔、无子拔、红肉拔等；观赏品种如斑叶拔、锯拔、香拔、红皮拔、竹叶拔等。
- **用途**：园景树、诱鸟树、盆栽。果实可生食，制果汁、果干、蜜饯。药用可治糖尿病、眼痛、胃病、肠炎、痢疾、牙痛、腹痛等。
- **生长习性**：阳性植物。性喜高温、湿润、向阳之地，生长适宜温度22～30℃，日照70%～100%。生性强健，耐热、耐旱、耐瘠。
- **繁育方法**：播种、嫁接法，春、夏季为适期。
- **栽培要点**：栽培介质以壤土或沙质壤土为佳。每季追肥1次，早春施用有机肥；成树增加磷、钾肥，能促进开花结果。结果过多要疏果、摘心。植株老化施以重剪或强剪，促使萌发新枝叶。

▲ 锯拔（栽培种）
Psidium guajava 'Dr. Rant's'

▲ 香拔（栽培种）
Psidium guajava 'Odorata'

▲ 白千层・脱皮树（原产澳大利亚）*Melaleuca leucadendra*

桃金娘科常绿灌木或乔木

白千层类

●**植物分类**：白千层属（*Melaleuca*）。

●**产地**：澳大利亚热带至亚热带地区。

1.**白千层**：别名脱皮树。常绿乔木，园艺景观普遍栽培。株高可达15米，树干突瘤状弯曲，树皮松软易剥落，状似多层薄纸。叶互生，披针形至狭椭圆形，全缘，硬纸质。夏、秋季开花，圆柱形穗状花序，乳白色，形似瓶刷。蒴果近球形。生性强健、耐热、耐旱，抗风，适作园景树、行道树、防风树。药用可治神经衰弱、失眠、风湿骨痛、神经痛。

2.**千层金**：别名黄金串钱柳。常绿灌木或小乔木，园艺景观零星栽培。株高可达5米，叶线状披针形或狭线形，螺旋状排列，金黄色，具特殊香气。夏、秋季开花，穗状花序，白色。生性强健、耐热、耐旱，枝叶金黄亮丽，风格独具，适作园景树、行道树、盆栽。

3.**互叶白千层**：别名澳洲茶树。常绿乔木。园艺景观零星栽培。株高可达10米，树干松软，树皮易剥落。叶线形，螺旋状排列，具香气。夏季开花，穗状花序，白色，成树盛花期颇为清丽优雅。蒴果扁球形。耐热、耐旱，不耐风，适作园景树。花粉有毒，过敏者避免吸入体内；枝叶可提炼高级精油，药用能抗病毒、抗霉菌。

●**生长习性**：阳性植物。性喜温暖至高温、湿润、向阳之地，生长适宜温度18～30℃，日照70%～100%。

●**繁育方法**：白千层用播种法。千层金、互叶白千层可用扦插或高压法，春、夏季为适期。

●**栽培要点**：栽培介质以壤土或沙质壤土为佳。春季至秋季生长期施肥3～4次。白千层自然树形美观，少做修剪，成树移植前需断根处理。千层金、互叶白千层植株老化施以重剪。

▲白千层·脱皮树（原产澳大利亚）
Melaleuca quinquenervia (Melaleuca leucadendra)

▲千层金·黄金串钱柳（栽培种）
Melaleuca bracteata 'Golden Leves'

▲互叶白千层·澳洲茶树（原产澳大利亚）*Melaleuca alternifolia*

▲互叶白千层·澳洲茶树（原产澳大利亚）
Melaleuca alternifolia

桃金娘科常绿灌木或乔木

桉树类

- **植物分类**：桉树属（*Eucalyptus*）。
- **产地**：原生种主产澳大利亚。

1. **柠檬桉**：常绿大乔木。园艺景观普遍栽培。株高可达35米以上，树皮灰褐色，剥落后光滑灰白色。叶互生，幼树具腺毛，长卵形至卵状披针形；成叶无腺毛，披针形，革质，具柠檬香气。伞形聚成伞房花序，腋生，白色。蒴果杯形。耐旱耐风，适作园景树、行道树、幼树盆栽。叶片可造纸、提炼高级精油。

2. **银叶桉**：别名灰桉。常绿灌木或乔木。株高可达15米，幼树干皮红褐色，成树光滑灰白色。幼树叶对生，无柄，阔卵形或圆形；成树叶对生或互生，披针形，革质，银白色。伞形花序腋生，小花白色。蒴果球形。适作园景树、盆栽；性喜冷凉，高冷地或中海拔栽培为佳。叶色殊雅，枝叶为高级花材。

3. **大叶桉**：别名油加利。常绿大乔木，园艺景观普遍栽培。株高可达25米，树皮厚纤维质，粗糙深裂。叶互生，卵状披针形，先端渐尖尾状，革质，具香气。伞形排成聚伞花序，腋生，白色。蒴果高杯形。生性强健，适作园景树、行道树。药用可治糖尿病、蜂窝组织炎、急性肠炎、哮喘等。

4. **蓝桉**：常绿大乔木。园艺观赏零星栽培。株高可达50米以上，干皮蓝灰色；幼枝方形，灰白色。成树叶互生，幼树叶对生，无柄，长卵形或阔卵状披针

▲柠檬桉（原产澳大利亚）
Eucalyptus citriodora

▲银叶桉·灰桉（原产澳大利亚）
Eucalyptus cinerea

▲大叶桉·油加利（原产澳大利亚）
Eucalyptus robusta

形，灰蓝绿色，具芳香。伞形花序腋生。蒴果倒圆锥形。适作园景树、幼树盆栽；性喜温暖，高冷地栽培为佳。叶片可提炼高级精油。

5.**托里桉**：别名毛叶桉、红毛桉。常绿乔木，园艺景观零星栽培。株高可达25米，干通直，干皮红褐色，剥落后光滑灰绿色。幼树叶互生，长卵形，先端钝圆，全缘，纸质；幼枝叶紫红色，密生茸毛，具香气。伞形花序聚合成圆锥状，腋生，小花乳白色。蒴果球形或壶形。生性强健，适作园景树、行道树。木材可作建材、制器具。

6.**心叶桉**：常绿乔木。园艺观赏零星栽培。株高可达15米，干皮光滑，灰白色。叶对生，无柄，卵圆形或卵状披针形，革质，银白或蓝灰色。花腋生，小花乳白色。蒴果半圆形。叶色殊雅，适作园景树、盆栽；性喜冷凉，不耐高温，高冷地或中海拔栽培为佳。

7.**苹果桉**：常绿乔木。园艺观赏零星栽培。株高可达20米，幼树叶对生或互生，长椭圆形或卵形，不规则齿状缘，叶面粗糙密生腺孔；成树叶披针形，平滑，具浓郁香气。伞形花序，乳白色。适作园景树、幼树盆栽。叶片可提炼精油。

8.**蜂味桉**：别名黄桉。常绿乔木，园艺观赏零星栽培。株高可达15米，幼树叶对生，成树互生，长菱形，先端钝圆，近全缘，革质，叶面银绿色，具香气。适作园景树、幼树盆栽。叶片可提炼高级精油。

▲蓝桉（原产澳大利亚）
Eucalyptus globulus

▲托里桉·毛叶桉·红毛桉（原产澳大利亚）
Eucalyptus torelliana

▲蜂味桉·黄桉（原产澳大利亚）
Eucalyptus melliodora

▲苹果桉（原产澳大利亚）
Eucalyptus bridgesiana

▲心叶桉（原产澳大利亚）
Eucalyptus cordata

▲ 胡椒薄荷桉（栽培种）
Eucalyptus radiata

▲ 雪桉·甘尼桉（原产澳大利亚）
Eucalyptus gunnii

▲ 仙宫花（原产澳大利亚）
Xanthostemon youngii 'Rubescens Major'

9.胡椒薄荷桉：常绿大乔木。园艺观赏零星栽培。株高可达25米，幼枝红褐色。叶对生，无柄，披针形，先端渐尖，全缘，具香气。适作园景树、幼树盆栽。叶片可萃取精油、制香料或医疗用途。

10.雪桉：别名甘尼桉。常绿乔木。园艺观赏零星栽培。株高可达8米，幼树干皮红褐色。叶对生，卵形或椭圆形，先端钝圆、微凹或有小突尖，全缘，革质；幼叶银灰色，成叶灰蓝色，具香气。伞形花序，小花乳白色。适作园景树、盆栽。叶片可提炼高级精油，制化妆品、香水、空气杀菌剂等。

●**生长习性**：阳性植物，日照70%～100%。银叶桉、蓝桉、心叶桉、苹果桉、胡椒薄荷桉等，性喜温暖，生长适温15～25℃。其他树种性喜高温，生长适宜温度22～32℃。

●**繁育方法**：播种法，春、秋季为适期。

●**栽培要点**：栽培介质以壤土或沙质壤土为佳。植株生长期每1～2个月施肥1次。乔木类修剪主干下侧枝，能促进长高。成树移植前需断根处理。

桃金娘科常绿灌木

仙宫花

●**植物分类**：仙宫花属（*Xanthostemon*）。

●**产地**：园艺栽培种，原生种产于澳大利亚热带地区。

●**形态特征**：株高可达2.5米，叶互生，倒卵形、长椭圆形或倒卵状长椭圆形，先端渐尖或钝圆，全缘，革质；叶背淡绿色，新叶暗红色。花期长，几乎全年开花，顶生，花冠红色，雄蕊多数，红焰出色。同类植物有金黄、乳黄、橙红、粉红等花色，缤纷美丽。

●**用途**：园景树、盆栽。

●**生长习性**：阳性植物。性喜高温、湿润、向阳之地，生长适宜温度23～32℃，日照80%～100%。生性强健，耐热、耐旱、耐湿。

●**繁育方法**：扦插或高压法，春季为适期。

●**栽培要点**：栽培介质以壤土或沙质壤土为佳。花期长，春季至秋季施肥3～4次。春季修剪整枝，植株老化施以重剪或强剪。

紫茉莉科常绿乔木

伞花腺果藤

- ●**别名**：皮孙木。
- ●**植物分类**：腺果藤属（*Pisonia*）。
- ●**产地**：澳大利亚和亚洲及太平洋诸岛等热带地区。原生于中国台湾。
- ●**形态特征**：株高可达15米以上，树皮平滑。叶对生或轮生，椭圆形或卵状披针形，长13～40厘米，先端锐或渐尖，全缘，肉质状革质。雌雄异株，聚伞花序，顶生，小花白色。果实圆柱形，肋间有黏液，熟果紫褐色。园艺栽培种有白叶腺果藤，叶片乳白至乳黄色。
- ●**用途**：园景树。
- ●**生长习性**：阳性植物。性喜高温、湿润、向阳之地，生长适宜温度23～32℃，日照70%～100%。生性强健，耐热、耐旱、耐湿。白叶腺果藤，耐热不耐寒，冬季忌霜害。
- ●**繁育方法**：播种、扦插或高压法，春季为适期。
- ●**栽培要点**：栽培介质以壤土或沙质壤土为佳。春季至秋季施肥3～4次。春季至夏季修剪整枝。成树移植前需断根处理。

珙桐科落叶大乔木

喜树

- ●**别名**：旱莲。
- ●**植物分类**：喜树属（*Camptotheca*）。
- ●**产地**：中国华中至西南部。
- ●**形态特征**：株高可达18米，树皮有纵沟。叶互生，卵形、椭圆形或卵状椭圆形，先端渐尖或短突尖，全缘或波状缘，纸质。头状花序排成圆锥形，顶生，小花淡绿色。翅果长椭圆形，多数聚生呈球形。
- ●**花、果期**：夏季至秋季开花结果。
- ●**用途**：园景树、行道树。木材含喜树精，药用可治各种恶性肿瘤、各种癌症和牛皮癣、疖肿等。
- ●**生长习性**：阳性植物。性喜温暖至高温、湿润、向阳之地，生长适宜温度15～30℃，日照70%～100%。生性强健，成长快速，耐寒也耐热，不耐强风。
- ●**繁育方法**：播种或扦插法，春、秋季为适期。
- ●**栽培要点**：栽培介质以沙质壤土为佳。春、夏季施肥2～3次。幼树冬季落叶后修剪整枝，大树老化施以重剪或强剪。

▲伞花腺果藤·皮孙木（原产亚洲和澳大利亚及中国台湾热带地区） *Pisonia umbellifera*

▲白叶腺果藤（栽培种）
Pisonia umbellifera 'Alba'

▲喜树·旱莲（原产中国）
Camptotheca acuminata

▲女贞（原产中国、韩国）
Ligustrum lucidum

▲黄边女贞（栽培种）
Ligustrum lucidum 'Excelsum Superbum'

木犀科 OLEACEAE

木犀科常绿灌木或小乔木

女贞类

●**植物分类**：女贞属（*Ligustrum*）。

●**产地**：亚洲亚热带至温带地区。

1.**女贞**：常绿灌木或乔木。株高可达12米，全株光滑无毛。叶对生，卵形或卵状披针形，先端渐尖，全缘，革质，叶背淡绿。夏季开花，圆锥花序，顶生，小花白色。核果肾形或近肾形，熟果蓝黑色，被白粉。园艺栽培种有黄边女贞，叶缘金黄色。

2.**台湾女贞**：常绿灌木。园艺景观零星栽培。株高可达4米，全株光滑无毛。叶对生，椭圆形或卵状椭圆形，全缘，厚革质。春末至夏季开花，圆锥花序，小花白色。核果倒卵形或椭圆形，熟果紫黑色。园艺栽培种有密叶女贞、金密女贞、圆叶女贞、金芽女贞。

3.**琉球女贞**：常绿灌木或小乔木。园艺景观普遍栽培。株高可达3米，幼枝有毛。叶对生，卵形或卵状椭圆形，先端钝或锐，全缘，厚革质。夏季开花，圆锥花序，顶生，小花白色。核果卵形或椭圆形，熟果紫黑色，果表有白粉。

4.**卵叶女贞**：半常绿灌木。园艺观赏零星栽培。株高可达2米，叶对生，卵形或倒卵形，先端渐尖，全缘，近革质。夏季开花，圆锥花序，顶生，小花白色。核果近球形或椭圆形。园艺栽培种有斑叶女贞，叶缘有金黄色斑纹；白缘卵叶女贞，叶缘有白或淡黄色斑纹。

▲台湾女贞（原产中国、日本、韩国）*Ligustrum amamianum*（*Ligustrum japonicum*）

▲密叶女贞·厚叶女贞（栽培种）
Ligustrum amamianum 'Compactum'

▲金密女贞（栽培种）*Ligustrum amamianum* 'Golden Compactum'

6.小蜡树：别名小山指甲、小果女贞。常绿灌木，园艺景观普遍栽培。株高可达2.5米，幼枝有毛。叶对生，卵形或椭圆形，先端钝圆或微凹，全缘，纸质。夏季开花，圆锥花序，顶生或腋生，小花白色。核果球形，熟果紫黑色。园艺栽培种有银姬小蜡，叶面灰绿色，镶嵌乳黄或乳白斑纹；垂枝女贞，小枝悬垂性；金斑小蜡，叶面具黄色斑纹。

7.金叶女贞：半常绿灌木。园艺观赏零星栽培。株高可达2米，小枝红褐色。叶对生，椭圆形或长卵形，先端锐或有小突尖，全缘，薄革质，金黄色。夏季开花，圆锥花序，顶生，小花白色。

● **用途**：园景树、造型树、绿篱、盆栽。女贞、小蜡树可放养白蜡虫，采收白蜡，供点火照明；药用可治细菌性痢疾、肝炎、喉咙痛等。台湾女贞树皮、叶、果实有毒，不可误食；药用可治肿毒、湿疮烂疡、乳痈、火眼初起等。

● **生长习性**：阳性植物。性喜冷凉至高温、湿润、向阳之地，生长适宜温度15～30℃，日照70%～100%。生性强健，耐寒也耐热、极耐旱，萌芽力强，抗污染。

● **繁育方法**：播种、扦插或高压法，春季至秋季为适期。

● **栽培要点**：栽培介质以壤土或沙质壤土为佳。生长期每季施肥1～2次。绿篱或造型树需常修剪整枝，促使枝叶生长茂密。

▲ 琉球女贞（原产中国、日本、韩国）
Ligustrum liukiuense

▲ 卵叶女贞（原产日本、韩国）
Ligustrum ovalifolium

▲ 圆叶女贞（栽培种）*Ligustrum amamianum* 'Rotundifolium'

▲ 金芽女贞（栽培种）*Ligustrum amamianum* 'Golden Sprout'

▲ 斑叶女贞（原产日本、韩国）
Ligustrum ovalifolium 'Aureum'

景观植物大图鉴②

209

▲白缘卵叶女贞（栽培种）
Ligustrum ovalifolium 'Allomarginatum'

▲小蜡树·小山指甲·小果女贞（原产中国、韩国）*Ligustrum sinense*

▲金斑小蜡（栽培种）
Ligustrum sinense 'Aureum'

▲银姬小蜡（栽培种）
Ligustrum sinense 'Variegatum'

▲银姬小蜡（栽培种）
Ligustrum sinense 'Variegatum'

▲金叶女贞（栽培种）
Ligustrum 'Vicaryi'

▲垂枝女贞（栽培种）
Ligustrum sinense 'Pendula'

▲垂枝女贞（栽培种）
Ligustrum sinense 'Pendula'

▲油橄榄·西洋橄榄·齐墩果（原产地中海沿岸）*Olea europaea*

木犀科半落叶大乔木
光蜡树

- **别名**：白鸡油。
- **植物分类**：梣属、白蜡树属（*Fraxinus*）。
- **产地**：亚洲热带至亚热带地区。
- **形态特征**：株高可达20米以上，树皮灰褐色，薄片状脱落，呈现灰绿色云形剥痕。奇数羽状复叶，小叶歪长卵形或长椭圆形，先端渐尖或短突尖，全缘，革质。春、夏季开花，圆锥花序，小花白色。翅果线状长卵形，先端凹，熟果黄褐色。
- **用途**：园景树、行道树、水土保持树种、诱虫树（独角仙）。木材可作建材、家具、雕刻、运动器材等。
- **生长习性**：阳性植物。性喜温暖至高温、干旱至湿润、向阳之地，生长适宜温度18～30℃，日照70%～100%。生性强健，耐寒也耐热、耐旱、耐湿。
- **繁育方法**：播种法，春季为适期。
- **栽培要点**：栽培介质以壤土或沙质壤土为佳。幼树春、夏季施肥2～3次。春季修剪整枝，修剪主干下部侧枝能促进长高。成树移植前需断根处理。

木犀科常绿乔木
油橄榄

- **别名**：西洋橄榄、齐墩果。
- **植物分类**：木犀榄属（*Olea*）。
- **产地**：非洲北部、欧洲南部温带至暖带地区。
- **形态特征**：株高可达8米。叶对生，长椭圆形或披针形，先端渐尖，革质；叶面暗绿色，叶背密被银白色茸毛。夏季开花，圆锥花序，腋生，小花白色，具香气。核果球形或椭圆形，肉质，熟果黑色。
- **用途**：园景树、果树。果实可腌渍食用。种子可提炼食用橄榄油，制化妆品、香皂、润滑剂等。
- **生长习性**：阳性植物。性喜冷凉至温暖、干燥、向阳之地，生长适宜温度12～25℃，日照70%～100%。喜好夏干冬湿的气候，高冷地或中海拔栽培为佳，平地夏季高温多湿，生长不良。
- **繁育方法**：播种、扦插、高压法，春、秋季为适期。
- **栽培要点**：栽培介质以沙质壤土为佳。春、夏季生长期施肥2～3次，有机肥料肥效佳。夏季避免高温潮湿，栽培环境力求通风、干燥。

▲光蜡树·白鸡油（原产中国和东南亚）
Fraxinus griffithii

▲光蜡树·白鸡油（原产中国和东南亚）
Fraxinus griffithii

海桐花科常绿灌木或小乔木

海桐花类

▲ 海桐花（原产中国南部和日本、韩国）
Pittosporum tobira

▲ 斑叶海桐（栽培种）
Pittosporum tobira 'Variegata'

▲ 台琼海桐·十里香（原产中南半岛及菲律宾和中国海南、台湾）*Pittosporum pentandrum*

● **植物分类**：海桐属（*Pittosporum*）。

● **产地**：亚洲和澳大利亚热带、亚热带至暖带地区。

1. **海桐花**：常绿灌木。园艺景观普遍栽培。株高可达2.5米，叶倒披针形或倒卵形，先端钝或圆，革质。圆锥花序顶生，小花白或乳黄色，具香气。蒴果球形，先端突尖，熟果3瓣裂，种子红色。园艺栽培种有斑叶海桐，叶面乳白、黄色斑纹。

2. **台琼海桐**：别名十里香。常绿灌木或小乔木，园艺景观普遍栽培。株高可达5米，叶长椭圆形或倒卵形，先端锐，近革质。圆锥花序顶生，小花白或淡黄色，具香气。蒴果球形，熟果橙红色，2瓣裂。

3. **斑纹细叶海桐**：细叶海桐的变种，原种产于新西兰。常绿灌木，园艺观赏零星栽培。株高可达2米，小枝暗紫红色。叶长椭圆形或倒长卵形，先端锐，全缘，近革质，叶面有乳白或乳黄色斑纹，叶色优雅。

● **用途**：园景美化、修剪造型、绿篱、海岸防风。海桐药用可治胃病、皮肤病、肠炎、高血压等。台琼海桐药用可治皮肤痒、跌打损伤、关节痛等。

● **生长习性**：海桐花是中性植物，耐阴，日照50%～100%。台琼海桐是阳性植物，日照70%～100%。性喜温暖至高温、湿润之地，生长适宜温度18～32℃。生性强健，耐热也耐寒、耐旱、耐盐、抗风。

● **繁育方法**：播种、扦插、高压法，春、夏季为适期。斑叶植物需用无性繁殖，如扦插或高压法。

● **栽培要点**：栽培介质以壤土或沙质壤土为佳。春季至秋季施肥3～4次。春、夏季修剪整枝，绿篱随时做必要之修剪；台琼海桐大树移植前需断根处理。

▲ 斑纹细叶海桐（栽培种）
Pittosporum tenuifolium 'Variegatum'

悬铃木科落叶大乔木

悬铃木类

- **植物分类**：悬铃木属（*Platanus*）。
- **产地**：亚洲西部、欧洲东南部、北美洲暖带至温带地区。

1. **一球悬铃木**：别名美国梧桐。落叶大乔木，高冷地零星栽培。株高可达35米，树皮剥落后灰至乳白色。叶阔卵形，3~5角状浅裂，裂片宽度比长度为长，粗齿牙缘，纸质。聚合果球形，单生，表面星芒状直刺极短。

2. **悬铃木**：别名二球悬铃木、英国梧桐。落叶大乔木，一球悬铃木与三球悬铃木的杂交种，高冷地零星栽培。株高可达25米，叶掌状3~7浅裂至中裂，长与宽略相等，中裂片先端阔三角形，粗齿牙缘。聚合果球形，连生2~4球。

3. **三球悬铃木**：别名法国梧桐。落叶大乔木，园艺景观零星栽培。株高可达30米，树皮灰至乳白色。叶阔卵形，5~7角状浅裂至深裂，中裂片宽度比长度短，齿牙缘。聚合果球形，连生3~6球。

- **用途**：园景树、行道树；此类植物树冠绿荫，耐旱，抗烟尘，为世界著名之行道树。三球悬铃木药用可治疝气、痢疾、腹痛、牙痛。
- **生长习性**：阳性植物，性喜温暖、湿润、向阳之地，生长适宜温度15~25℃，日照70%~100%。耐寒不耐热，高冷地或中海拔山区栽培为佳，平地夏季高温生长迟缓或不良。
- **繁育方法**：播种、扦插法，春、秋季为适期。
- **栽培要点**：栽培介质以壤土或沙质壤土为佳。幼树春、夏季生长期施肥3~4次。冬季落叶后修剪整枝；若主干上部侧枝疏少，应修剪枝顶，促使萌发分枝，枝叶更茂密。成树移植前需断根处理。

▲ 一球悬铃木 · 美国梧桐（原产北美洲）
Platanus occidentalis

▲ 悬铃木 · 二球悬铃木 · 英国梧桐（杂交种）
Platanus × hispanica

▲ 三球悬铃木 · 法国梧桐（原产小亚细亚及欧洲）
Platanus orientalis

▲ 三球悬铃木 · 法国梧桐（原产小亚细亚及欧洲）
Platanus orientalis

▲ 海葡萄·树蓼（原产美洲热带地区）
Coccoloba uvifera

蓼科落叶灌木或小乔小

海葡萄

- ●**别名**：树蓼。
- ●**植物分类**：海葡萄属（*Coccoloba*）。
- ●**产地**：美洲热带地区。
- ●**形态特征**：株高可达6米，树皮灰褐色。叶互生，心形、肾形或近圆形，先端圆，全缘，革质，叶脉绯红色。春末至夏季开花，总状花序，腋生，花冠黄绿色。核果球形，形似葡萄，串串下垂，风格独具。
- ●**用途**：园景树。冬季落叶呈淡红色，久藏不坏，宛如天然干燥花材；枝叶、果枝为插花高级素材。果实可制食用果胶。
- ●**生长习性**：阳性植物。性喜高温、湿润、向阳之地，生长适宜温度23～32℃，日照70%～100%。生性强健，耐热、耐旱，抗风。
- ●**繁育方法**：播种或高压法，春、夏季为适期。
- ●**栽培要点**：栽培介质以沙质壤土为佳。春、夏季施肥2～3次。冬季落叶修剪整枝，成树移植之前需断根处理。

▲ 灰莉（原产亚洲和中国热带地区）
Fagraea ceilanica

龙胆科常绿灌木或乔木

灰莉类

- ●**植物分类**：灰莉属（*Fagraea*）。
- ●**产地**：亚洲南部ey 太平洋诸岛热带地区。
- 1.**灰莉**：常绿灌木，园艺观赏零星栽培。株高可达2.5米，枝呈攀缘性，能附生树干生长。叶倒卵状椭圆形，全缘，革质。聚伞花序顶生，花冠5裂，初开白色，渐转淡黄，具香气。浆果卵圆形，花萼宿存。
- 2.**香花灰莉**：别名南洋灰莉。常绿乔木，株高可达7米，叶长椭圆形，先端短锐，全缘，革质。聚伞状伞房花序，顶生，花冠5裂，初开白色，渐转淡黄色。浆果卵形或近球形。
- ●**用途**：园景树、绿篱、造型树。
- ●**生长习性**：中性植物。性喜高温、湿润、向阳至荫蔽之地，生长适宜温度22～32℃，日照60%～100%。
- ●**繁育方法**：播种或扦插法，春季为适期。
- ●**栽培要点**：栽培介质以沙质壤土为佳。春、夏季施肥2～3次。春、夏季修剪整枝，植株老化需重剪或强剪；绿篱或造型树随时做必要之修剪。

▲ 香花灰莉·南洋灰莉（原产中南半岛及马来西亚）*Fagraea fragrans*

山龙眼科常绿乔木

银桦类

● **植物分类**：银桦属（*Grevillea*）。

● **产地**：澳大利亚热带至亚热带地区。

1. **银桦**：常绿大乔木。园艺景观普遍栽培。株高可达30米以上，幼株具白色茸毛。叶互生，二至三回羽状裂叶，小裂片线状披针形，叶背密被银灰色绢毛。初夏开花，总状花序，花冠金黄或橙黄色。蓇葖果卵状椭圆形。

2. **红花银桦**：别名班西银桦。常绿小乔木。园艺景观零星栽培。株高可达5米，幼枝有毛。叶互生，1回羽状裂叶，小裂片线形或狭披针形，叶背密生丝状毛。春、夏季开花，总状花序，顶生，花冠红色。蓇葖果歪卵形，扁平。

● **用途**：园景树、行道树。银桦木材可制家具、器具、雕刻、车辆等用材。

● **生长习性**：阳性植物，性喜高温、湿润、向阳之地，生长适宜温度20~30℃，日照70%~100%。生性强健，成长快速，耐热、耐旱、耐湿。

● **繁育方法**：播种、扦插或高压法，春、秋季为适期。

● **栽培要点**：栽培介质以壤土或沙质壤土为佳。幼树春、夏季生长期施肥3~4次。花后或春季修剪整枝，剪除主干下部侧枝能促进长高。成树移植之前需断根处理。

▲ 银桦（原产澳大利亚）*Grevillea robusta*

▲ 红花银桦·班西银桦（原产澳大利亚昆士兰）*Grevillea banksii*

▲ 红花银桦·班西银桦（原产澳大利亚昆士兰）*Grevillea banksii*

▲ 锯叶班克木·银冠佛塔树（原产澳大利亚）
Banksia serrata

▲ 丝黄班克木·丝黄佛塔树（原产澳大利亚）
Banksia spinulosa 'Nana'

▲ 澳洲坚果·昆士兰山龙眼（原产澳大利亚）
Macadamia ternifolia

山龙眼科常绿灌木或小乔木

班克木类

- ●植物分类：班克木属（*Banksia*）。
- ●产地：澳大利亚亚热带至暖带地区。
- 1.锯叶班克木：别名银冠佛塔树。常绿灌木或小乔木。园艺观赏零星栽培。株高可达4米，叶互生，倒披针形，先端钝圆，粗大锯齿缘，厚革质；幼叶红褐色，被毛。夏季开花，花冠圆柱状或卵形，顶生，银灰色。
- 2.丝黄班克木：别名丝黄佛塔树。常绿灌木。园艺观赏零星栽培。株高可达2.5米，叶互生，线形或线状披针形，先端渐尖，全缘，革质。初夏开花，花冠圆柱状，橙黄色至棕黄色。
- ●生长习性：阳性植物，性喜温暖至高温、干燥、向阳之地，生长适宜温度20～30℃，日照70%～100%。耐热也耐寒、耐旱、耐瘠。
- ●繁育方法：播种法，春季为适期。
- ●栽培要点：栽培介质以沙质壤土为佳。春、夏季施肥3～4次。花后或春季修剪整枝，植株老化施以重剪或强剪。

山龙眼科常绿小乔木

澳洲坚果

- ●别名：昆士兰山龙眼。
- ●植物分类：澳洲坚果属（*Macadamia*）。
- ●产地：澳大利亚热带地区。
- ●形态特征：株高可达5米，幼枝及花序有茸毛。叶轮生或近对生，倒披针形，先端锐或钝，全缘或疏刺状锯齿缘，革质。春季开花，总状花序，花冠黄色或白色。坚果球形，先端突尖。
- ●用途：园景树、经济果树。种仁可食用，俗称夏威夷火山豆（夏威夷产量为世界之冠），香脆可口。
- ●生长习性：阳性植物。性喜高温、湿润、向阳之地，生长适宜温度20～30℃，日照70%～100%。
- ●繁育方法：播种、高压或嫁接法，春、秋季为适期。
- ●栽培要点：栽培介质以壤土或沙质壤土为佳。春、夏季施肥3～4次。春季修剪整枝，植株老化需强剪。深根性，不耐移植，移植要多带土。

枣类

●**植物分类**：枣属（*Zizyphus*）。

●**产地**：亚洲、非洲和澳大利亚热带至温带地区。

1.**滇刺枣**：别名毛叶枣。半落叶小乔木，为台湾重要经济果树。株高可达5米，枝下垂。叶互生，广卵形或卵状椭圆形，浅齿缘，纸质，叶柄下方有刺。秋季开花，聚伞花序腋生，花冠淡黄绿色。核果球形或椭圆形。

2.**枣**：别名红枣。落叶小乔木。经济类果树，园艺观赏零星栽培。株高可达6米，叶互生，长卵形或广卵形，先端尖，细齿缘，纸质。春季开花，聚伞花序，腋生，花冠黄绿色。核果椭圆形，熟果淡黄至红褐色。

●**用途**：园景树、果树、诱鸟树。滇刺枣果实可鲜食、制蜜饯。枣可生食、制果干、酿酒、制成中药材"黑枣"。

●**生长习性**：阳性植物，日照70%～100%。滇刺枣性喜高温、湿润、向阳之地，生长适宜温度25～32℃。枣性喜温暖，生长适宜温度15～25℃。

●**繁育方法**：播种或嫁接法，春季为适期。

●**栽培要点**：栽培介质以沙质壤土为佳。春、夏季生长期施肥2～3次；枣冬季落叶后施用有机肥料。滇刺枣早春修剪整枝，更新侧枝。

▲滇刺枣·毛叶枣（原产亚洲及非洲和澳大利亚热带地区）*Zizyphus mauritiana*

▲澳洲坚果·昆士兰山龙眼（原产澳大利亚）
Macadamia ternifolia

▲枣·红枣（原产中国）
Zizyphus jujuba

鼠李科落叶灌木或小乔木

拐枣

- **别名**：北枳椇。
- **植物分类**：枳椇属（*Hovenia*）。
- **产地**：亚洲亚热带至温带地区。
- **形态特征**：株高可达9米，幼枝红褐色，密布皮孔。叶互生，阔卵形或卵状椭圆形，先端短尖或渐尖，粗锯齿缘，厚纸质。春季开花，聚伞圆锥花序不对称，腋生或顶生，花冠淡黄绿色。浆果状核果球形，果梗肉质，肥厚弯曲，熟果褐色。
- **用途**：园景树、行道树。果实味甘可食用。木材可作家具、雕刻、建筑用材等。药用可解酒毒，可治痨伤吐血、腋下狐气、热病烦渴等。
- **生长习性**：阳性植物。性喜温暖、湿润、向阳之地，生长适宜温度15~28℃，日照70%~100%。
- **繁育方法**：播种法，春季为适期。
- **栽培要点**：栽培介质以沙质壤土为佳。春季至秋季施肥3~4次。花、果期后修剪整枝，植株老化需强剪。成树移植之前需断根处理。

▲ 拐枣·北枳椇（原产中国、日本、韩国）
Hovenia dulcis

蔷薇科常绿小乔木

枇杷

- **植物分类**：枇杷属（*Eriobotrya*）。
- **产地**：原种产于中国华中地区。
- **形态特征**：株高可达5米，树皮灰白色。叶长椭圆形或倒卵状披针形，先端钝，疏锯齿缘，革质，叶背密被褐色茸毛。春季开花，圆锥花序，顶生，小花白色。浆果有圆形、椭圆形或倒卵形，熟果淡黄至橙红色，果皮被茸毛。
- **用途**：园景树、诱鸟树、经济类果树。果实可生食、制果酱。种子和幼叶有毒，不可误食。叶片可制枇杷膏，药用可治咳嗽、慢性支气管炎、肺热久咳、头风等。
- **生长习性**：阳性植物，性喜温暖、湿润、向阳之地，生长适宜温度12~25℃，日照70%~100%。
- **繁育方法**：播种、高压或嫁接法，春季为适期。
- **栽培要点**：栽培介质以砾质壤土或沙质壤土为佳。冬季施用有机肥，幼果生长期及果后施肥2~3次。果后修剪整枝，老化植株施以重剪。

▲ 枇杷（原产中国、日本）
Eriobotrya japonica

薔薇科常绿灌木或小乔木

石斑木类

- ●**植物分类**：石斑木属（*Rhaphiolepis*）。
- ●**产地**：亚洲热带、亚热带至暖带地区。
- ●**形态特征**：常绿灌木或小乔木。园艺景观零星栽培。株高可达3米，叶互生，长椭圆形、卵形或倒卵形，先端钝或短尖，细锯齿缘，厚纸质。春季开花，总状或圆锥状花序，顶生，花冠白或淡红色。果实球形，熟果紫黑色。

  自然变种有毛序石斑木、恒春石斑木、厚叶石斑木等；其中厚叶石斑木园艺景观和滨海绿化最普遍栽培。园艺栽培种有红花石斑木，小花粉红色。
- ●**用途**：园景树、绿篱宜修剪造型，可作花材。厚叶石斑木叶片厚实，耐热也耐寒、耐旱、耐盐，抗风，极适合滨海绿化美化；药用可治腰膝酸痛、风湿痛、手足无力、溃疡红肿、跌打损伤。
- ●**生长习性**：阳性植物。性喜温暖至高温、湿润、向阳之地，生长适宜温度20～30℃，日照70%～100%。生性强健粗放，耐热也耐寒、耐旱，抗风。
- ●**繁育方法**：播种、扦插或高压法，以高压为主，春、夏季为适期。
- ●**栽培要点**：栽培介质以壤土或沙质壤土为佳。枝叶生长期每月施肥1次。花、果后修剪整枝，绿篱或造型树随时做修剪，促使枝叶茂盛；老化植株施以重剪或强剪；大树根系疏少，不耐移植，以幼株或盆栽苗栽植为佳。

▲厚叶石斑木・革叶石斑木（原产日本和中国台湾）*Rhaphiolepis indica* var. *umbellate*

▲毛序石斑木・假厚皮香（原产中国）
Rhaphiolepis indica var. *tashiroi*

▲石斑木・车轮梅・春花（原产中国及中南半岛和日本）*Rhaphiolepis indica*

▲恒春石斑木・南仁石斑木（原产中国台湾恒春）*Rhaphiolepis indica* var. *hiiranensis*

▲红花石斑木（栽培种）
Rhaphiolepis indica 'Enchantress'

▲ 台湾花楸·峦大花楸（原产中国台湾）
Sorbus randaiensis

▲ 日本花楸·朝鲜花楸（原产韩国、日本）
Sorbus commixta

▲ 欧洲花楸（原产欧洲和亚洲西部）
Sorbus aucuparia

蔷薇科落叶乔木

花楸类

- ●**植物分类**：花楸属（*Sorbus*）。
- ●**产地**：亚洲和欧洲暖带至温带地区。
1. **台湾花楸**：别名峦大花楸。落叶小乔木，零星栽培。株高可达4米，奇数羽状复叶，小叶7～9对，长椭圆形或线状披针形，基歪，细锯齿缘，落叶前转红色。夏季开花，伞房花序顶生，小花白色。核果球形，熟果黄至红色。
2. **日本花楸**：别名朝鲜花楸。落叶小乔木，零星栽培。株高可达8米，奇数羽状复叶，小叶4～7对，长椭圆状披针形，基歪，细锯齿缘，落叶前转黄、红紫色。夏季开花，伞房花序顶生，小花白色。核果球形，熟果红至橙红色。
3. **欧洲花楸**：落叶乔木，零星栽培。株高可达12米，奇数羽状复叶，小叶5～7对，长椭圆形或披针形，基歪，细锯齿缘，落叶前转红色。夏季开花，伞房花序，小花白色。核果球形，熟果红色，常聚生成团。
- ●**用途**：园景树、行道树。
- ●**生长习性**：阳性植物。性喜冷凉、干燥、向阳之地，生长适宜温度12～22℃，日照70%～100%。耐寒不耐热，高冷地或中、高海拔山区生育良好，平地夏季高温越夏困难。
- ●**繁育方法**：播种法，春季为适期。
- ●**栽培要点**：栽培介质以沙质壤土为佳。春、夏季生长期施肥2～3次。冬季落叶后修剪整枝。

▲ 团花·大叶黄梁木（原产中国和亚洲热带地区）
Neolamarckia cadamba (*Anthocephalus chinensis*)

红芽石楠

蔷薇科常绿小乔木

- **别名**：光叶石楠。
- **植物分类**：石楠属（*Photinia*）。
- **产地**：原种产于日本暖带至温带地区。
- **形态特征**：株高可达8米，幼枝暗红色。叶互生，长椭圆形或倒卵状椭圆形，先端尖，细锯齿缘，革质，萌发新叶暗红色。春季开花，聚伞花序，顶生，花冠白色。核果椭圆状球形，熟果红色。园艺栽培种有鲁宾斯，新芽焰红如火，剔透美艳。
- **用途**：园景树、绿篱。
- **生长习性**：阳性植物，性喜温暖、湿润、向阳之地，生长适宜温度15～26℃，日照70%～100%。耐寒不耐热，高冷地或中海拔山区生育良好，中、南部平地夏季高温生长迟缓或不良。
- **繁育方法**：扦插、高压法，春季为适期。
- **栽培要点**：栽培介质以沙质壤土为佳。冬季至春季生长期施肥2～3次。绿篱随时做修剪整枝，老化植株在秋末冬初施行重剪或强剪。

▲红芽石楠·光叶石楠（原产日本）
Photinia glabra

▲红芽石楠'鲁宾斯'（栽培种）
Photinia glabra 'Rubens'

团花

茜草科落叶乔木

- **别名**：大叶黄梁木。
- **植物分类**：团花属（*Neolamarckia*）。
- **产地**：亚洲南部热带地区。
- **形态特征**：株高可达25米，干通直。叶对生，椭圆形、卵形或倒卵形，长10～20厘米，先端锐或突尖，全缘，薄革质，幼叶背面密被柔毛。春、夏季开花，头状花序，单生枝顶，花冠漏斗状，黄白色。果实球形，熟果黄绿色。
- **用途**：园景树、行道树。
- **生长习性**：阳性植物。性喜高温、湿润、向阳之地，生长适宜温度22～30℃，日照70%～100%。生性强健，成长快速，寿命长，耐热、耐旱。
- **繁育方法**：播种法，春季为适期。
- **栽培要点**：栽培介质以壤土或沙质壤土为佳。幼树春、夏季施肥2～3次。修剪主干下部侧枝，能促使长高。成树移植前需断根处理。

▲团花·大叶黄梁木（原产中国和亚洲热带地区）
Neolamarckia cadamba (*Anthocephalus chinensis*)

▲ 香雪栀子（原产塔西提岛）
Gardenia taitensis

▲ 香雪栀子（原产塔西提岛）
Gardenia taitensis

▲ 香雪栀子浆果椭圆形，果径3～5厘米，果形酷似番石榴

茜草科常绿灌木或小乔木

香雪栀子

- ●植物分类：栀子属（*Gardenia*）。
- ●产地：太平洋南部热带地区。
- ●形态特征：株高可达3米，全株光滑。叶对生，倒卵形或椭圆形，先端微突，全缘，革质。聚伞花序，腋生，花冠长筒状，先端5～7裂，白色，裂片旋转排列，平展或反卷，蜡质，具清香味。浆果椭圆形，果径3～5厘米，果形酷似番石榴。
- ●花期：夏季开花。
- ●用途：园景树。叶簇四季翠绿，落叶少，自然树型美观。
- ●生长习性：阳性植物。性喜高温、湿润、向阳之地，生长适宜温度20～30℃，日照70%～100%。生性强健，耐热也耐寒，耐旱，抗风。
- ●繁育方法：播种法，春季为适期。
- ●栽培要点：栽培介质以壤土或沙质壤土为佳。春、夏季生长期施肥2～3次。成树移植前需断根处理。

茜草科常绿小乔木

南非白婵

- ●别名：星花栀子。
- ●植物分类：栀子属（*Gardenia*）。
- ●产地：非洲南部热带至亚热带地区。
- ●形态特征：株高可达3米。叶不规则对生或3片轮生，椭圆形、倒卵形或倒披针形，先端钝圆或渐尖，全缘，薄革质。花顶生，花冠长筒状，先端5～9裂，裂片旋转排列，白色，蜡质，具香气。果实球形或椭圆形，木质，白色皮孔明显。
- ●花期：夏季开花。
- ●用途：园景树。叶簇生，奇特，四季油绿，落叶少。
- ●生长习性：阳性植物。性喜高温、湿润、向阳之地，生长适宜温度20～30℃，日照70%～100%。生性强健，耐热也耐寒，耐旱，抗风。
- ●繁育方法：播种、扦插法，春季为适期。
- ●栽培要点：栽培介质以壤土或沙质壤土为佳。春、夏季生长期施肥2～3次。春季修剪整枝。成树移植前需断根处理。

茜草科常绿乔木

金鸡纳类

●**植物分类**：金鸡纳属（*Cinchona*）。

●**产地**：南美洲热带至亚热带地区。

1.**大叶金鸡纳**：园艺观赏零星栽培。株高可达15米，叶卵形或卵状椭圆形，长18～25厘米，先端突尖，全缘。聚伞状圆锥花序，花冠白或淡红色。蒴果卵状纺锤形。

2.**金鸡纳**：园艺观赏零星栽培。株高可达6米，叶长椭圆状披针形，长14～20厘米，先端渐尖，全缘。聚伞状圆锥花序，花冠淡黄白色。蒴果圆锥形。

3.**杂交金鸡纳**：株高可达7米，叶椭圆形或披针形，长8～15厘米，先端钝或锐，全缘，低温下转深紫红色。春、夏季开花，聚伞状圆锥花序，顶生，花冠长筒状，白色。蒴果卵状长椭圆形。

●**用途**：园景树。大叶金鸡纳树皮为治疟疾名药，药用可治登革热、肠胃热、痛风、神经痛等。

●**生长习性**：阳性植物。性喜高温、湿润、向阳之地，生长适宜温度20～30℃，日照70%～100%。

●**繁育方法**：播种法，春季为适期。

●**栽培要点**：栽培介质以沙质壤土为佳。春、夏季生长期施肥2～3次。春季修剪整枝，修剪主干下部侧枝能促进长高。成树移植前需断根处理。

▲ 大叶金鸡纳（原产秘鲁、玻利维亚）
Cinchona pubescens

▲ 小叶金鸡纳（原产秘鲁）
Cinchona ledgeriana

▲ 南非白蝉·星花栀子（原产非洲南部）
Gardenia thunbergia
（果·胡维新摄影）

▲ 杂交金鸡纳（杂交种）
Cinchona hybrida

▲ 矮生滇丁香·海丁香（原产中国、印度、越南）
Luculia pinceana

矮生滇丁香

- **别名**：海丁香。
- **植物分类**：滇丁香属（*Luculia*）。
- **产地**：亚洲热带至亚热带地区。
- **形态特征**：株高可达8米，叶对生，长椭圆形或长椭圆状披针形，先端短渐尖，全缘，纸质。伞房状聚伞花序，顶生，花冠长筒形，先端5裂，粉红色，具香气。蒴果倒卵状圆筒形，有棱。
- **花期**：夏、秋季开花。
- **用途**：园景树。药用可治慢性支气管炎、百日咳、风湿痛、月经不调等。
- **生长习性**：阳性植物。性喜高温、湿润、向阳之地，生长适宜温度20～30℃，日照70%～100%。生性强健、耐热、耐旱、耐湿。
- **繁育方法**：播种、扦插法，春、夏季为适期。
- **栽培要点**：栽培介质以沙质壤土为佳。春、夏季生长期施肥2～3次。春季修剪整枝，成树移植之前需断根处理。

▲ 海巴戟·檄树（原产澳大利亚、印度、马来西亚和中国台湾）*Morinda citrifolia*

海巴戟

- **别名**：檄树。
- **植物分类**：巴戟天属（*Morinda*）。
- **产地**：亚洲和澳大利亚、太平洋诸岛等热带地区。园艺观赏普遍栽培。
- **形态特征**：株高可达6米，幼枝4棱。叶对生，卵形或长椭圆形，先端尖，波状缘，薄革质。四季开花，头状花序，腋生，花冠长筒形，先端裂片5枚，星形，白色。聚合果不规则球形或卵形，熟果乳白色，浆质，具气室，能漂浮水面传布海岸。
- **用途**：园景树、绿篱、海岸防风。树皮和根可制红、黄色染料，根为强壮剂。药用可治肺结核、赤痢。
- **生长习性**：阳性植物。性喜高温、湿润至干旱、向阳之地，生长适宜温度23～32℃，日照70%～100%。
- **繁育方法**：播种、扦插法，春季为适期。
- **栽培要点**：栽培介质以沙质壤土为佳。春季至秋季生长期施肥3～4次，磷、钾肥偏多能促进结果。春季修剪整枝，植株老化需重剪或强剪。

▲ 花叶海巴戟·花叶檄树（栽培种）
Morinda citrifolia 'Variegatum'

茜草科常绿小乔木

白爪花

- ●**植物分类**：白爪花属（*Kailarsenia*）。
- ●**产地**：亚洲南部热带地区。
- ●**形态特征**：株高可达4米，全株光滑。叶对生，卵形、椭圆形或倒披针形，先端短突或渐尖，全缘，厚纸质或薄革质。聚伞花序，腋生，花冠长筒状，先端5～7裂，裂片线状倒披针形，白色，具香气。浆果球形，萼片宿存。
- ●**花期**：春、夏季开花。
- ●**用途**：园景树。
- ●**生长习性**：阳性植物。性喜高温、湿润、向阳之地，生长适宜温度23～32℃，日照70%～100%。生性强健，耐热、耐旱，不耐风。
- ●**繁育方法**：播种、扦插法，春季为适期。
- ●**栽培要点**：栽培介质以壤土或沙质壤土为佳。春、夏季生长期施肥2～3次。春季修剪整枝，修剪主干下部侧枝能促进长高。成树移植前需断根处理。

▲ 白爪花（原产南太平洋群岛）
Kailarsenia species

芸香科常绿中乔木

香肉果

- ●**别名**：白人心果、白柿。
- ●**植物分类**：香肉果属（*Casimiroa*）。
- ●**产地**：中美洲热带地区。
- ●**形态特征**：热带果树，株高可达15米，树皮密生点状皮孔。掌状复叶，互生或丛生枝端，小叶3～5片，长椭圆形或倒披针形，先端渐尖，全缘，纸质，叶背淡绿色。春季开花，顶出腋生，花冠黄绿色。浆果球形或梨形，果径5～10厘米，熟果黄绿色，果肉黄或白色。
- ●**用途**：园景树。果实可生食，制果汁、果冻。
- ●**生长习性**：阳性植物。性喜高温、湿润、向阳之地，生长适宜温度22～32℃，日照70%～100%。生性强健，耐热、耐旱、耐湿。
- ●**繁育方法**：播种法，春季为适期。
- ●**栽培要点**：栽培介质以沙质壤土为佳。春季至秋季生长期施肥3～4次，成树增加磷、钾肥能促进开花结实，果后修剪整枝。成树移植前需断根处理。

▲ 香肉果·白柿·白人心果（原产美洲热带地区）
Casimiroa edulis

▲黄皮（原产中国南部及缅甸）
Clausena lansium

▲黄皮（原产中国南部及缅甸）
Clausena lansium

芸香科常绿或落叶灌木、小乔木

黄皮类

● **植物分类**：黄皮属（*Clausena*）。

● **产地**：亚洲热带地区。

1. **黄皮**：常绿小乔木。园艺景观零星栽培。株高可达8米，枝叶有香气。奇数羽状复叶，小叶卵状椭圆形或长卵形，基歪，先端尖，全缘，厚纸质。春季开花，圆锥花序，顶生，小花黄白色。浆果卵状球形，熟果黄褐色。果实可生食、腌渍。药用可治风寒感冒、食积胀满、胃痛、小儿头疮疖等。

2. **假黄皮**：别名过山香。落叶灌木或小乔木。园艺景观零星栽培。株高可达5米，枝叶具香气。奇数羽状复叶，小叶歪披针形，先端钝，全缘或齿状缘，纸质。春季开花，聚伞状圆锥花序，顶生，小花黄绿色。浆果椭圆形，熟果淡粉红色，半透明状。果实可生食、制饮料；叶含精油，可提炼香水原料、医疗药品原料。药用可治风寒感冒、风湿关节痛。

● **用途**：园景树、经济类果树、诱鸟树。

● **生长习性**：阳性植物。性喜高温、湿润、向阳之地，生长适宜温度23～32℃，日照70%～100%。生性强健，耐热、耐旱、耐瘠。

● **繁育方法**：播种法，春季为适期。

● **栽培要点**：栽培介质以壤土或沙质壤土为佳。春、夏季施肥3～4次。春季或冬季落叶后修剪整枝（过山香局部地区冬季会有常绿现象），修剪主干下部侧枝能促进长高。大树移植前需断根处理。

▲假黄皮·过山香（原产中国、印度、马来西亚、爪哇）
Clausena excavata（*Clausena lunulata*）

▲假黄皮·过山香（原产中国、印度、马来西亚、爪哇）
Clausena excavata（*Clausena lunulata*）

芸香科常绿灌木

三爪金龙

- **植物分类**：吴茱萸属（*Evodia*）。
- **产地**：亚洲东南部热带地区。
- **形态特征**：株高可达3米，善分枝，枝条硬而脆。三出复叶，对生，叶柄细长，小叶狭披针形或线状披针形，先端钝或渐尖，不规则波状缘或缺刻状，近革质，卷曲状。夏季开花，聚伞状圆锥花序，顶生，花冠黄绿色。
- **用途**：园景美化、绿篱、盆栽。叶姿纤细柔美，四季翠绿，风格独具。
- **生长习性**：阳性植物。性喜高温、湿润、向阳之地，生长适宜温度22～30℃，日照60%～100%。生性强健，耐热也耐寒、耐旱、耐阴。
- **繁育方法**：扦插法，春、夏季为适期。
- **栽培要点**：栽培介质以腐殖土或沙质壤土为佳。春、夏季生长期施肥2～3次。春季修剪整枝，植株老化需重剪或强剪。

▲ 三爪金龙（原产东南亚）
Evodia riclleyi

▲ 三爪金龙（原产东南亚）
Evodia riclleyi

芸香科常绿灌木

大管小芸木

- **别名**：野黄皮、小柑。
- **植物分类**：小芸木属（*Micromelum*）。
- **产地**：亚洲热带至亚热带地区。
- **形态特征**：株高可达3米，小枝密被茸毛。奇数羽状复叶，小叶5～11片，斜卵状披针形，先端渐尖，基歪，不规则粗锯齿状缘或波状缘，纸质，叶面密生透明油点。聚伞状圆锥花序，顶生。浆果椭圆形或卵形，被毛，熟果橙黄至红色。
- **花、果期**：春、夏季开花结果。
- **用途**：园景美化。药用具活血、散瘀功效，可治跌打损伤。
- **生长习性**：阳性植物。性喜高温、湿润、向阳之地，生长适宜温度22～32℃，日照70%～100%。
- **繁育方法**：播种、扦插法，春季为适期。
- **栽培要点**：栽培介质以沙质壤土为佳。春、夏季生长期施肥2～3次。春季修剪整枝，植株老化需重剪或强剪。

▲ 大管小芸木·野黄皮·小柑（原产中国海南岛）
Micromelum falcatum

芸香科常绿灌木或小乔木
花椒类

- **植物分类**：花椒属（*Zanthoxylum*）。
- **产地**：中国华中、华北至西南部及日本暖带至温带地区。
1. **花椒**：常绿小乔木。高冷地零星栽培。株高可达4米，枝干散生三角状皮刺。奇数羽状复叶，小叶卵形或卵状椭圆形，先端突尖，钝齿状缘，齿缝有油点，薄革质。聚伞花序，腋生，小花黄绿色。蓇葖果近球形，熟果红色，果皮具隆起油点。经济辛香作物，果实为重要食品调味料，可萃取香精，制香料。
2. **胡椒木**：别名山椒。常绿灌木，园艺景观普遍栽培。株高可达1米，枝叶具浓烈胡椒味。奇数羽状复叶，叶基有短刺2枚，叶轴有狭翼；小叶对生，倒卵形，略斜歪，先端钝或尖，全缘，革质，全叶密生油点，油亮富光泽。雌雄异株，雄花黄色，雌花橙红色。蓇葖果椭圆形，熟果红褐色，种子黑色。生性强健，萌芽力强，耐寒也耐热、耐旱、耐修剪。
- **用途**：园景树、特用辛香果树。胡椒木适作绿篱、修剪造型。
- **生长习性**：阳性植物。性喜温暖至高温、湿润、向阳之地，生长适宜温度18~30℃，日照70%~100%。
- **繁育方法**：播种、扦插或高压法，春季为适期。
- **栽培要点**：栽培介质以沙质壤土为佳。春季至秋季生长期施肥3~4次。胡椒木绿篱随时做必要之修剪整枝，植株老化施以重剪或强剪。

▲花椒（原产中国）
Zanthoxylum bungeaum

▲胡椒木·山椒（原产日本、韩国）
Zanthoxylum piperitum

▲加杨·加拿大杨（杂交种）
Populus × canadensis

芸香科常绿灌木

咖喱九里香

- ●**植物分类**：九里香属（*Murraya*）。
- ●**产地**：亚洲中部至西南部热带地区。
- ●**形态特征**：株高可达2米，成株丛生状，小枝细长，叶片具浓郁咖喱香气。奇数羽状复叶，小叶椭圆状歪长卵形，先端钝，浅缺刻状或细锯齿缘，纸质。春、夏季开花，聚伞状圆锥花序，顶生，小花白色。浆果近球形。
- ●**用途**：园景树、盆栽。印度、马来西亚人常利用嫩叶当调味菜。药用具滋补功效。
- ●**生长习性**：中性植物，偏阳性。性喜高温、湿润、向阳至荫蔽之地，生长适宜温度23～32℃，日照50%～100%。耐热、耐旱、耐阴。
- ●**繁育方法**：播种、分株或扦插法，春季为适期。
- ●**栽培要点**：栽培介质以壤土或沙质壤土为佳。春、夏季生长期施肥2～3次。春季修剪整枝，植株老化施以重剪或强剪。

▲咖喱九里香（原产印度及中南半岛和斯里兰卡）
Murraya koenigii

杨柳科落叶大乔木

加杨

- ●**别名**：加拿大杨。
- ●**植物分类**：杨属（*Populus*）。
- ●**产地**：杂交种（三角杨Populus deltoides × 黑杨Populus nigra），原种产于北半球温带地区。
- ●**形态特征**：株高可达30米，干通直，树冠圆锥形。叶互生，三角形或三角状卵形，先端尖，圆锯齿缘，纸质。雌雄异株，早春开花，葇荑花序，雄花红色，雌花绿色。蒴果绿色。
- ●**用途**：园景树、行道树。
- ●**生长习性**：阳性植物。性喜冷凉至温暖、湿润、向阳之地，生长适宜温度12～25℃，日照70%～100%。高冷地或中海拔山区生长良好，平地夏季高温生长不良。
- ●**繁育方法**：播种或扦插法，春季为适期。
- ●**栽培要点**：栽培介质以沙质壤土为佳。春、夏季生长期施肥2～3次。冬季落叶后修剪整枝，修剪主干下部侧枝能促进长高。成树移植前需断根处理。

▲加杨·加拿大杨（杂交种）
Populus × *canadensis*

▲ 垂柳（原产中国） *Salix babylonica*

▲ 青皮垂柳（原产中国）
Salix ohsidare

杨柳科落叶灌木或乔木

柳树类

●**植物分类**：柳属（*Salix*）。

●**产地**：亚洲东北部暖带至温带地区。

1.**垂柳**：落叶乔木。园艺景观普遍栽培。株高可达8米，小枝红褐色。细长下垂。叶线状披针形，先端渐尖，细锯齿缘，叶背粉白色。春季开花，荑荑花序，小花黄绿色。蒴果狭圆锥形。树形优美，成长快速，为优良之园景树、行道树、河堤护岸树。叶和皮有毒，不可误食。药用可治小便白浊、痔疮、黄疸等。

2.**青皮垂柳**：落叶乔木。园艺景观普遍栽培。株高可达8米，枝条绿色，细长下垂。叶线状披针形，先端渐尖，细锯齿缘，叶背粉白色。春季开花，荑荑花序，小花黄绿色。树形婀娜多姿，成长快速，为高级之园景树、行道树、河堤护岸树。

3.**细柱柳**：别名猫柳、银芽柳。落叶灌木，园艺花材专业栽培。株高可达2米，小枝直立性。叶长椭圆形或卵状披针形，先端渐尖，细锯齿缘，叶背密被白毛。早春开花，荑荑花序，冬芽苞片红色，脱落后呈现银白色绢毛，颇为高雅。适作园景树，小枝为春节应景重要花材。

4.**龙爪柳**：别名云龙柳。落叶灌木或小乔木。株高可达3米，小枝不规则扭曲。叶线状披针形，波状弯曲，先端渐尖，细锯齿缘，叶背粉白色。适作园景树，池边、河畔、旱地均适合栽植。枝条殊雅，为插花高级花材。

5.**花叶杞柳**：落叶灌木。杞柳（*Salix integra*）的变种，株高可达2.5米，幼枝暗红色。叶狭长椭圆形，先端渐尖，叶面具有白色、红色斑纹。荑荑花序，雄花黄绿色，雌花柱头黑色。适作园景树、盆栽。

▲ 细柱柳·猫柳·银芽柳（原产中国、日本、韩国） *Salix gracilistyla*

▲ 细柱柳·猫柳·银芽柳（原产中国、日本、韩国）
Salix gracilistyla

- **生长习性**：阳性植物，性喜温暖至高温、湿润、向阳之地，生长适宜温度18～30℃，日照80%～100%。生性强健，耐寒也耐热、耐旱，极耐潮湿。
- **繁育方法**：扦插法，春季为适期。
- **栽培要点**：栽培介质以湿润之壤土或沙质壤土为佳。春、夏季生长期施肥2～3次。冬季落叶后修剪整枝。乔木类大树移植前需断根处理。

▲ 龙爪柳・云龙柳（栽培种） *Salix babylonica* 'Tortuosa'（*Salix matsudana* 'Tortuosa'）

▲ 檀香（原产太平洋群岛） *Santalum album*

檀香科常绿小乔木

檀香

- **植物分类**：檀香属（*Santalum*）。
- **产地**：太平洋群岛以及印度热带地区。
- **形态特征**：半寄生植物，株高可达6米以上，全株光滑。叶对生，椭圆形、卵状椭圆形或卵状披针形，先端锐或急尖，全缘或波状缘，膜质，叶背有白粉。全年见花，圆锥花序顶生或腋生，小花紫红色。浆果球形或卵形，熟果红转黑紫色，肉质。
- **用途**：园景树。木材为贵重香料，可制线香、工艺品、雕刻、檀香扇等。药用可治心腹诸痛、解恶毒风肿、阴寒霍乱、噎膈饮食不入等。
- **生长习性**：阳性植物。性喜高温、湿润、向阳之地，生长适宜温度23～32℃，日照70%～100%。
- **繁育方法**：播种法，春、夏季为适期。
- **栽培要点**：幼株与过山香或七里香（月橘）合植，使根部接触寄生。栽培介质以壤土或沙质壤土为佳。春季至秋季生长期施肥3～4次。春季修剪整枝促使长高。成树移植之前需断根处理。

▲ 花叶杞柳（栽培种）
Salix integra 'Tricolor'

▲ 檀香（原产太平洋群岛）
Santalum album

▲澳山萝（原产澳大利亚）
Cupaniopsis anacardioides

▲无患子·黄目子·木患子（原产中国、印度）
Sapindus mukorossi

▲无患子·黄目子·木患子（原产中国、印度）
Sapindus mukorossi

无患子科常绿小乔木

澳山萝

● **植物分类**：澳山萝属（*Cupaniopsis*）。
● **产地**：澳大利亚亚热带至暖带地区。
● **形态特征**：株高可达9米，小枝赤褐色。偶数羽状复叶（稀奇数羽状复叶），小叶5～10片，倒长卵形或倒卵状长椭圆形，先端锐、钝或微凹，全缘，革质，叶面浓绿富光泽，叶被淡绿色。圆锥花序，顶生，小花白色。核果球形。
● **花期**：夏季开花。
● **用途**：园景树。
● **生长习性**：阳性植物。性喜温暖至高温、湿润、向阳之地，生长适宜温度20～30℃，日照70%～100%。生性强健，耐热也耐寒，耐旱、稍耐阴，抗风。
● **繁育方法**：播种法，春季为适期。
● **栽培要点**：栽培介质以壤土或沙质壤土为佳。幼树春、夏季生长期施肥2～3次。春季修剪整枝。成树移植前需断根处理。

无患子科落叶乔木

无患子

● **别名**：黄目子、木患子。
● **植物分类**：无患子属（*Sapindus*）。
● **产地**：亚洲热带、亚热带至温带地区。
● **形态特征**：株高可达15米以上。偶数羽状复叶，小叶长卵形或长披针形，先端锐或渐尖，基歪，全缘，纸质。初夏开花，圆锥花序，顶生，小花花白或黄绿色。核果球形，熟果黄褐色，透明状。
● **用途**：园景树、行道树；冬季落叶前叶片转黄红色，极为亮丽。果含皂素，可代替肥皂洗涤器具、衣物，可制清洁剂、沐浴乳等。药用可治虫积食滞、哮喘、口腔炎、头风、肠胃炎等。
● **生长习性**：阳性植物。性喜温暖至高温、湿润、向阳之地，生长适宜温度18～30℃，日照70%～100%。生性强健，耐热也耐寒、耐旱、耐瘠。
● **繁育方法**：播种法，春季为适期。
● **栽培要点**：栽培介质以壤土或砂质壤土为佳。春、夏季生长期施肥2～3次。冬季落叶后修剪整枝。

无患子科常绿乔木

荔枝

- ●**植物分类**：荔枝属（*Litchi*）。
- ●**产地**：中国南部热带地区。
- ●**形态特征**：热带果树，株高可达20米，专业栽培高2～3米，干皮近平滑。偶数羽状复叶，小叶长椭圆形或披针形，先端尾尖，革质，叶背灰绿。春季开花，圆锥花序，小花黄绿色。核果卵形或近球形，熟果红色，果皮有龟甲状瘤凸，假种皮半透明状。
- ●**用途**：园景树、诱鸟树。果实可生食、制干果、酿酒。药用可治频尿遗尿、补血理气、疗疮恶肿等。
- ●**生长习性**：阳性植物。性喜高温、湿润至干旱、向阳之地，生长适宜温度20～30℃，日照70%～100%。生性强健，生长地理位置仅限南北回归线附近。
- ●**繁育方法**：高压法，春季为适期。
- ●**栽培要点**：栽培介质以壤土或沙质壤土为佳。幼树春、夏季施肥2～3次。成树果后修剪整枝，并施用有机肥料补给养分。

▲ 荔枝（原产中国）
Litchi chinensis

▲ 荔枝（原产中国）
Litchi chinensis

无患子科常绿乔木

番龙眼

- ●**别名**：斐济龙眼、拔那龙眼。
- ●**植物分类**：番龙眼属（*Pometia*）。
- ●**产地**：亚洲东部及太平洋诸岛热带地区。
- ●**形态特征**：株高可达18米以上，板根高可达1米。偶数羽状复叶，小叶长椭圆形或长椭圆状披针形，先端渐尖，全缘或钝齿缘，厚纸质。夏季开花，圆锥花序，顶生，小花黄白色。核果球形，果皮光滑，熟果黄绿色，假种皮乳白色，近似龙眼。
- ●**用途**：园景树、诱鸟树。果实可生食、种子可榨油。木材可制器具、建材。药用可治黄疸、腹泻。
- ●**生长习性**：阳性植物。性喜高温、湿润、向阳之地，生长适宜温度23～32℃，日照70%～100%。生性强健，耐热、耐旱、耐瘠。
- ●**繁育方法**：播种法，春季为适期。
- ●**栽培要点**：栽培介质以沙质壤土为佳。春、夏季生长期施肥2～3次。春季或果后修剪整枝。成树移植前需断根处理。

▲ 番龙眼·斐济龙眼·拔那龙眼（原产波利尼西亚、马来西亚、菲律宾和中国台湾）*Pometia pinnata*

▲ 龙眼·桂圆（原产中国）
Dimocarpus longan (Euphoria longan)

无患子科常绿乔木

龙眼

- ●别名：桂圆。
- ●植物分类：龙眼属（*Dimocarpus*）。
- ●产地：印度、缅甸及中国南部热带至亚热带地区。
- ●形态特征：热带果树，株高可达12米，树皮粗糙，纵向沟裂。偶数羽状复叶，小叶披针状椭圆形，先端钝或尖，革质，叶背淡黄绿色。春季开花，圆锥花序，黄褐色。核果球形，黄褐色，假种皮半透明状。
- ●用途：园景树、诱鸟树。果实可生食、制干果、果酒。药用可治心悸、脾虚泄泻、妇女白带等。
- ●生长习性：阳性植物。性喜夏季高温、冬季干燥、向阳之地，生长适宜温度20～30℃，日照70%～100%。生性强健粗放，生长地理位置仅限北回归线附近。
- ●繁育方法：播种、嫁接法，春季为适期。
- ●栽培要点：栽培介质以沙质壤土为佳。幼树春、夏季施肥2～3次，成树果后施用有机肥。

▲ 红毛丹·韶子（原产马来西亚）
Nephelium lappaceum

无患子科常绿乔木

红毛丹

- ●别名：韶子。
- ●植物分类：韶子属（*Nephelium*）。
- ●产地：亚洲东南部热带地区。
- ●形态特征：热带果树，株高可达15米。偶数羽状复叶，小叶卵形或长椭圆形，先端钝或尖，全缘，革质。春、秋季开花，圆锥花序顶生，小花黄绿色。核果球形或卵圆形，果表密被软刺，熟果鲜红色，表面有龟甲纹，具1环状凹沟，假种皮白色。
- ●用途：园景树、诱鸟树。果实可生食、制罐头。药用可治暴痢、心腹冷气、口腔炎等。
- ●生长习性：阳性植物。性喜高温、湿润、向阳之地，生长适宜温度24～32℃，日照70%～100%。耐热不耐寒，20℃以下生育转弱。
- ●繁育方法：播种、高压或嫁接法，春、夏季为适期。
- ●栽培要点：栽培介质以壤土或沙质壤土为佳。春、夏季施肥2～3次，成树增加磷、钾肥能促进开花结果。果后修剪整枝。

无患子科常绿小乔木

树蕨

- ●**别名**：蕨叶患子。
- ●**植物分类**：树蕨属（*Filicium*）。
- ●**产地**：亚洲东南部，热带至亚热带地区。
- ●**形态特征**：株高可达5米以上，树冠伞形。偶数羽状复叶（稀奇数羽状复叶），小叶8～15对，阔线形或线状披针形，先端渐尖或短尖，全缘或波状缘，薄革质，叶片中轴有三角形翅翼。
- ●**花期**：夏季开花。
- ●**用途**：园景树、盆栽。叶形酷似蕨类植物，枝叶终年青翠，为室内高级观叶植物。
- ●**生长习性**：中性植物。性喜高温、湿润、向阳至荫蔽之地，生长适宜温度22～30℃，日照60%～100%。生性强健，耐热、耐旱、耐阴。
- ●**繁殖方法**：播种或高压法，春季为适期。
- ●**栽培要点**：栽培介质以沙质壤土为佳。春、夏季生长期施肥2～3次。春季修剪整枝，修剪主干下部侧枝能促进长高。

▲ 树蕨·蕨叶患子（原产印度、斯里兰卡）
Filicium decipiens

山榄科常绿中乔木

藏红金叶树

- ●**别名**：星苹果、牛奶果。
- ●**植物分类**：金叶树属（*Chrysophyllum*）。
- ●**产地**：美洲热带地区。
- ●**形态特征**：热带果树，株高可达18米，小枝下垂，枝叶具白色乳汁。叶互生，幼树长椭圆形，成树卵状椭圆形，先端突尖，全缘，革质，叶背密被黄褐色茸毛。秋季开花，花冠钟形，淡黄绿色。浆果球形，熟果暗紫色，剖面呈星形，果肉白色。
- ●**用途**：园景树、诱鸟树。果实可生食、制果汁、甜点、冰淇淋等。
- ●**生长习性**：阳性植物。性喜高温、湿润、向阳之地，生长适宜温度23～32℃，日照70%～100%。耐热、耐旱。
- ●**繁育方法**：播种、高压或嫁接法，春季为适期。
- ●**栽培要点**：栽培介质以沙质壤土为佳。幼树春、夏季施肥3～4次，成树增加磷、钾肥能促进开花结果。果后修剪整枝。

▲ 藏红金叶树·星苹果·牛奶果（原产美洲热带地区）*Chrysophyllum cainito*

▲ 藏红金叶树·星苹果·牛奶果（原产美洲热带地区）*Chrysophyllum cainito*

山榄科常绿小乔木

蛋黄果类

●**植物分类**：桃榄属（*Pouteria*）。

●**产地**：北美洲、南美洲热带地区。

1.**蛋黄果**：别名仙桃。热带果树，园艺果树普遍栽培。株高可达8米，枝叶有白色乳汁。叶互生，长椭圆形、披针形或长倒卵形，全缘，革质。夏季开花，花冠壶形，淡黄绿色。浆果心形或长卵形，熟果橙黄色。果肉粉状组织，柔软缺水似蛋黄。

2.**加蜜蛋黄果**：别名黄晶果。热带果树，园艺果树零星栽培。原生地株高可达30米，枝叶有白色乳汁。叶互生，长椭圆形或倒披针形，波状缘，革质。春季开花，花冠壶形，淡白或黄绿色。浆果球形或卵圆形，先端突尖，熟果金黄色。果肉乳白，半透明胶质状。

●**用途**：园景树、诱鸟树。果实可生食，制果汁。

●**生长习性**：阳性植物。性喜高温、湿润、向阳之地，生长适宜温度24～32℃，日照70%～100%。耐热、耐旱。

●**繁育方法**：播种或嫁接法，春季为适期。

●**栽培要点**：栽培介质以壤土或沙质壤土为佳。春、夏季施肥2～3次，冬季施用有机肥，成树增加磷、钾肥能促进开花结果；果后修剪整枝。

▲蛋黄果·仙桃（原产美洲热带地区）
Pouteria campechiana（*Lucuma nervosa*）

▲蛋黄果·仙桃（原产美洲热带地区）
Pouteria campechiana（*Lucuma nervosa*）

▲加蜜蛋黄果·黄晶果（原产巴西、秘鲁）
Pouteria caimito（*Lucuma caimito*）

▲香榄·牛乳树·伊兰芷硬胶（原产亚洲热带地区）
Mimusops elengi

山榄科常绿中乔木

人心果

- **别名**：沙漠吉拉。
- **植物分类**：人心果属（*Manilkara*）。
- **产地**：中美洲西印度群岛和墨西哥热带地区。
- **形态特征**：热带果树，株高可达15米，全株有白色乳汁。叶椭圆形或倒卵形，全缘，革质。全年开花，腋生，花冠壶形，白色，萼片茶褐色。浆果球形或椭圆形，熟果茶褐色，果皮有糠状疣粒。
- **用途**：园景树、诱鸟树。果实甜度高，可生食，制果汁、果酱。白色乳汁为制口香糖主要原料。树皮含单宁，可制咳嗽糖浆。
- **生长习性**：阳性植物。性喜高温、湿润至干旱、向阳之地，生长适宜温度25~35℃，日照70%~100%。
- **繁育方法**：播种、高压或嫁接法，春、夏季为适期。
- **栽培要点**：栽培介质以沙质壤土为佳。生长缓慢，幼树春、夏季施肥3~4次，成树开花前及果实采收后追肥。开花期间避免多雨潮湿。

山榄科常绿乔木

香榄

- **别名**：牛乳树、伊兰芷硬胶。
- **植物分类**：香榄属（*Mimusops*）。
- **产地**：亚洲热带地区。
- **形态特征**：株高可达8米，干通直，干皮平滑。叶互生，卵状椭圆形或长卵形，先端锐或短尖，全缘或波状缘，革质，略卷曲，油亮富光泽。花簇生叶腋，2轮，小花乳黄色，花萼密被褐色短毛。核果长卵形，长2.5~3.5厘米，熟果橙黄色。
- **花期**：春、夏季开花。
- **用途**：园景树、行道树、诱鸟树。
- **生长习性**：阳性植物。性喜高温、湿润、向阳之地，生长适宜温度22~32℃，日照70%~100%。生性强健，耐热、耐旱、稍耐阴，抗风。
- **繁育方法**：播种或高压法，春、夏季为适期。
- **栽培要点**：栽培介质以壤土或沙质壤土为佳。春、夏季生长期施肥2~3次。春季修剪整枝，除去主干下部侧芽能促进长高。成树移植前需断根处理。

▲人心果·沙漠吉拉（原产美洲热带地区）
Manilkara zapota（*Achras zapota*）

▲人心果·沙漠吉拉（原产美洲热带地区）
Manilkara zapota（*Achras zapota*）

▲香榄·牛乳树·伊兰芷硬胶（原产亚洲热带地区）*Mimusops elengi*

▲ 山榄·树青·石松（原产亚洲和中国台湾热带地区） *Pouteria obovata (Planchonella obovata)*

山榄类

● **植物分类**：桃榄属（*Pouteria*）。

● **产地**：亚洲南部至东北部，热带至亚热带地区。

1. **山榄**：别名树青、石松。常绿乔木，园艺景观零星栽培。株高可达10米，枝叶有白色乳汁，幼枝密被锈色柔毛。叶倒卵形或倒卵状长椭圆形，长10～20厘米，先端锐、钝圆或微凹，厚革质，叶背有褐色毛。花簇生叶腋，小花黄白色。核果倒卵形或椭圆形，熟果紫黑色。适作园景树、行道树、绿篱、海岸防风。木材可作建材、制器具。

2. **兰屿山榄**：别名大叶树青。常绿大乔木，园艺景观零星栽培。株高可达20米以上，干基有板根，枝叶有白色乳汁。叶长椭圆形或倒卵状椭圆形，长20～45厘米，先端圆或突尖，厚纸质。春季开花，总状花序腋生，花冠黄绿色。浆果长椭圆形，熟果紫黑色。适作园景树。

● **生长习性**：阳性植物。性喜高温、湿润、向阳之地，生长适宜温度20～30℃，日照70%～100%。生性强健，耐热也耐寒、耐旱、耐盐，抗风。

● **繁育方法**：播种法，春季为适期。

● **栽培要点**：栽培介质以沙质壤土为佳。春季至秋季生长期施肥2～3次。春季修剪整枝。成树移植之前需断根处理。

▲ 兰屿山榄·大叶树青（原产菲律宾、中国台湾）
Pouteria duclitana (Planchonella duclitana)

▲ 台湾胶木·大叶山榄（原产菲律宾和中国台湾）
Palaquium formosanum

山榄科常绿乔木

台湾胶木

- ●**别名**：大叶山榄。
- ●**植物分类**：胶木属（*Palaquium*）。
- ●**产地**：中国及菲律宾热带地区。
- ●**形态特征**：株高可达20米，具白色胶状体液。叶互生或丛生枝端，倒卵形或长椭圆形，长10～18厘米，先端钝圆或微凹，全缘，厚革质。花簇生叶腋，小花淡黄绿色。核果椭圆形，熟果黄褐色。
- ●**花期**：秋季至春季开花。
- ●**用途**：园景树、行道树、海岸防风树。果实软熟具甜味可食用。木材可作建材、制器具，树皮制染料。
- ●**生长习性**：阳性植物。性喜温暖至高温、湿润、向阳之地，生长适宜温度20～30℃，日照70%～100%。生性强健，耐热也耐寒、耐旱、耐盐，抗风。
- ●**繁育方法**：播种法，春季为适期。
- ●**栽培要点**：栽培介质以沙质壤土为佳。春季至秋季生育期施肥2～3次。早春修剪整枝。成树移植之前需断根处理。

▲台湾胶木·大叶山榄（原产菲律宾和中国台湾）
Palaquium formosanum

玄参科落叶乔木

台湾泡桐

- ●**别名**：南方泡桐、薄叶桐。
- ●**植物分类**：泡桐属（*Paulownia*）。
- ●**产地**：白桐和泡桐的杂交种。
- ●**形态特征**：株高可达18米以上，枝干中空，幼枝有柔毛。叶对生，心形或阔卵形，先端锐尖，全缘或3～5浅裂，纸质，叶背有茸毛。春季开花，圆锥状聚伞花序，顶生，花冠铃形，先端5裂，淡紫色，喉部黄色具紫褐斑点。蒴果椭圆状卵形。
- ●**用途**：园景树。木材可制家具、器具。药用可治丹毒、白喉、跌打损伤、疔疮、伤寒。
- ●**生长习性**：阳性植物。性喜温暖至高温、湿润、向阳之地，生长适宜温度18～30℃，日照70%～100%。生性强健，成长快速，容易老化，不耐风。
- ●**繁育方法**：播种法，春季为适期。
- ●**栽培要点**：栽培介质以壤土或沙质壤土为佳。春、夏季生育期施肥2～3次。花后或落叶后修剪整枝。成树移植之前需断根处理。

▲台湾泡桐·南方泡桐·薄叶桐（杂交种）
Paulownia × taiwaniana

▲台湾泡桐·南方泡桐·薄叶桐（杂交种）
Paulownia × taiwaniana

239

▲苦木（原产美洲热带地区）
Quassia amara

▲野鸦椿·鸟腱花（原产中国、日本）
Euscaphis japonica

▲野鸦椿·鸟腱花（原产中国、日本）
Euscaphis japonica

苦木科常绿灌木

苦木

- ●植物分类：苦木属（*Quassia*）。
- ●产地：南美洲热带地区。
- ●形态特征：株高可达2.5米，奇数羽状复叶，对生，叶柄翅状扁平，具紫红色纵纹。小叶3～7片，长椭圆形或倒卵形，先端长尾状或短尖，基部红色，全缘，纸质。总状花序，顶生，花冠红色。果实长卵形，暗红色。
- ●花期：夏季开花。
- ●用途：园景树。药用可治疟疾，制杀虫剂。
- ●生长习性：阳性植物。性喜高温、湿润、向阳之地，生长适宜温度22～32℃，日照70%～100%。耐热、耐旱、耐湿，不耐风。
- ●繁育方法：播种或扦插法，春季为适期。
- ●栽培要点：栽培介质以壤土或沙质壤土为佳。小枝细软，种植地点宜择避风处，强风吹袭易折枝。春、夏季生长期施肥2～3次。花后修剪整枝，植株老化施以重剪或强剪。

省沽油科落叶小乔木

野鸦椿

- ●别名：鸟腱花。
- ●植物分类：野鸦椿属（*Euscaphis*）。
- ●产地：亚洲东北部亚热带至温带地区。
- ●形态特征：株高可达4米，幼枝红紫色。奇数羽状复叶，小叶卵形或卵状披针形，先端锐，细锯齿缘，薄革质。春、夏季开花，圆锥花序顶生，小花黄绿色，蓇葖果镰刀形弯曲，熟果鲜红色，种子黑色。
- ●用途：园景树、大型盆栽。药用可治气滞胃痛、月经不调、痢疾、寒疝腹痛等。
- ●生长习性：中性植物。性喜温暖至高温、湿润、向阳至荫蔽之地，生长适宜温度18～28℃，日照60%～100%。北部或高冷地生育良好，中、南部平地夏季高温生长迟缓或不良。
- ●繁育方法：播种或扦插法，春季为适期。
- ●栽培要点：栽培介质以壤土或沙质壤土为佳。春、夏季生长期施肥2～3次。冬季落叶后修剪整枝，修剪主干下部侧枝能促进长高。

梧桐科落叶乔木

梧桐

- **别名**：青桐。
- **植物分类**：梧桐属（*Firmiana*）。
- **产地**：中国和琉球亚热带至暖带地区。
- **形态特征**：株高可达15米以上，树皮平滑，青绿色。叶互生或丛生枝端，心形，呈3～5裂，掌状深裂，全缘，纸质。春季开花，圆锥花序，顶生，小花乳白色。菁葵果长锥形，熟果裂片呈杓形，黄褐色。
- **用途**：园景树、行道树。树冠翠绿，风格高洁，为著名之景观树种。木材可制家具、乐器。树皮可造纸、制绳线。药用可治肿毒、痔疮、风湿痛等。
- **生长习性**：阳性植物。性喜温暖至高温、湿润、向阳之地，生长适宜温度15～30℃，日照70%～100%。生性强健，耐热也耐寒、耐旱、耐瘠。
- **繁育方法**：播种法，春、秋季为适期。
- **栽培要点**：栽培介质以沙质壤土为佳。幼树春、夏季生长期施肥3～4次。冬季落叶后修剪整枝。成树移植之前需断根处理。

▲梧桐·青桐（原产中国和日本）
Firmiana simplex

梧桐科落叶乔木

台湾梭罗树

- **别名**：铳床楠。
- **植物分类**：梭罗树属（*Reevesia*）。
- **产地**：台湾特有植物，原生于中、南部低海拔山区，野生族群渐稀少，园艺景观零星栽培。
- **形态特征**：株高可达12米，幼枝密生褐色毛。叶互生，长椭圆形或倒披针形，先端钝或渐尖，全缘或波状缘，革质。圆锥花序，顶生，小花白色，聚生成团。蒴果木质倒卵形，5棱，熟果深褐色。
- **花期**：夏季开花。
- **用途**：园景树。木材轻白，可制器具、工艺品。
- **生长习性**：阳性植物。性喜高温、湿润、向阳之地，生长适宜温度22～32℃，日照70%～100%。生性强健，生长缓慢，耐热、耐旱、耐湿、抗风。
- **繁育方法**：播种法，春季为适期。
- **栽培要点**：栽培介质以壤土或沙质壤土为佳。春、夏季生长期施肥3～4次。冬季落叶后修剪整枝。成树移植之前需断根处理。

▲梧桐·青桐（原产中国和日本）
Firmiana simplex

▲台湾梭罗树·铳床楠（原产中国台湾）
Reevesia formosana

▲ 槭叶瓶干树·槭叶火焰木·槭叶苹婆（原产澳大利亚） Brachychiton acerifolius

▲ 槭叶瓶干树·槭叶苹婆（原产澳大利亚） Brachychiton acerifolius

▲ 星花瓶干树·异色瓶干树·澳洲苹婆（原产澳大利亚） Brachychiton discolor

梧桐科常绿乔木

瓶干树类

●**植物分类**：瓶干树属（Brachychiton）。

●**产地**：澳大利亚热带地区。

1.**槭叶瓶干树**：别名槭叶火焰木、槭叶苹婆。常绿乔木，园艺景观零星栽培。株高可达12米，干通直，树皮绿色。叶掌状5～9深裂，裂片再呈浅裂或中裂，革质。夏季开花，圆锥花序，花萼鲜红色。蓇葖果船形，熟果黑褐色。

2.**星花瓶干树**：别名异色瓶干树、澳洲苹婆。常绿乔木。园艺景观零星栽培。株高可达15米，干通直，树皮绿色。叶掌状裂叶，3～5浅裂，叶背有短毛，幼叶红褐色。夏季开花，圆锥花序，花冠铃形，先端5裂，星形，粉红色，花姿柔美。

3.**三裂叶瓶干树**：别名沙漠瓶干树。常绿乔木，株高可达15米，主干肥大。叶互生或丛生枝端，3～5裂，裂片线状披针形，先端渐尖，全缘或波状缘，革质。圆锥花序，花冠钟形，红色。

4.**昆士兰瓶干树**：别名酒瓶树、佛肚树。常绿乔木，园艺景观零星栽培。株高可达20米，主干肥大，直径可达2米以上。幼树掌状裂叶，裂片线形，无柄；成树叶片披针形，叶柄细长，革质。圆锥花序，花冠钟形。蓇葖果近椭圆形。澳大利亚原住民常食用富含淀粉之种子。

●**用途**：园景树、行道树。

●**生长习性**：阳性植物。性喜高温、湿润、向阳之地，生长适宜温度20～30℃，日照70%～100%。生性强健，生长缓慢，耐热、耐寒、耐旱，抗风。

●**繁育方法**：播种法，春季、秋季为适期。

●**栽培要点**：栽培介质以壤土或沙质壤土为佳。幼树春季至秋季施肥3～4次。幼树生长缓慢，成树后甚为粗放。移植之前需断根处理。

▲ 三裂叶瓶干树·沙漠瓶干树（原产澳大利亚） Brachychiton gregorii

▲ 昆士兰瓶干树·酒瓶树·佛肚树（原产澳大利亚昆士兰） *Brachychiton rupestris*

梧桐科常绿乔木

银叶树

- **别名**：大白叶仔。
- **植物分类**：银叶树属（*Heritiera*）。
- **产地**：澳大利亚及亚洲和太平洋诸岛等热带地区。
- **形态特征**：株高可达12米，干基具粗壮板根。叶互生，长椭圆形或倒卵状长椭圆形，先端钝或渐尖，全缘，革质，叶背密被银白色鳞片。春季开花，圆锥花序顶生，萼钟形，先端4～5裂，无花瓣。坚果扁椭圆形，木质，具龙骨瓣隆起，内有气室。
- **用途**：园景树、海岸防风树，为世界著名之板根树。木材可作建材、造船、制家具及农具。
- **生长习性**：阳性植物。性喜高温、湿润、向阳之地，生长适宜温度22～32℃，日照70%～100%。生性强健，耐热也耐寒、耐旱，耐盐，抗风。
- **繁育方法**：播种法，春、夏季为适期。
- **栽培要点**：栽培介质以沙质壤土为佳。成树板根粗大，移植土团范围需宽大，移植前需断根处理。

▲ 昆士兰瓶干树·酒瓶树·佛肚树（原产澳大利亚昆士兰） *Brachychiton rupestris*

▲ 银叶树·大白叶仔（原产太平洋诸岛和中国台湾南北海岸） *Heritiera littoralis*

▲ 银叶树·大白叶仔（原产太平洋诸岛及中国台湾南北海岸） *Heritiera littoralis*

▲苹婆·凤眼果（原产中国、印度、越南、印度尼西亚） *Sterculia nobilis*

▲苹婆·凤眼果（原产中国、印度、越南、印度尼西亚） *Sterculia nobilis*

▲台湾苹婆（原产菲律宾、中国台湾等）
Sterculia ceramica

梧桐科常绿或落叶乔木

苹婆类

●**植物分类**：苹婆属（*Sterculia*）。

●**产地**：亚洲、非洲和澳大利亚等热带至亚热带地区。

1. **苹婆**：别名凤眼果。热带果树，常绿中乔木，园艺景观零星栽培。株高可达15米，叶互生，椭圆形，先端突尖，全缘，厚纸质。春季开花，圆锥花序，小花乳黄色，钟形，形似小皇冠。蓇葖果扁肥如豆荚，熟果暗红色。种子圆锥形，黑褐色。适作园景树、行道树。种子可煮食、烤食。药用可治疝痛、血痢、呕吐、虫积腹痛等。

2. **台湾苹婆**：常绿小乔木，原生于中国台湾兰屿、绿岛，园艺景观零星栽培。株高可达5米，叶互生，卵状心形，先端尖，全缘，厚纸质。春季开花，圆锥花序，小花乳黄色。蓇葖果卵形，熟果暗红色。种子长卵形，黑色。适作园景树、滨海防风树。种子可煮食、烤食。

3. **掌叶苹婆**：别名香苹婆、裂叶苹婆。落叶乔木，园艺景观普遍栽培。株高可达20米，侧枝平展。掌状复叶，小叶5～10片，椭圆状披针形，近革质。春季开花，圆锥花序，小花红黄色。蓇葖果木鱼形，熟果暗红色。种子椭圆形，紫黑色。适作园景树、行道树；开花时会散发特殊气味。适作园景树、行道树。种子可炒食。药用可治风湿痛、黄疸、白带、淋病等。

4. **假苹婆**：别名赛苹婆。常绿乔木，园艺观赏零星栽培。株高可达8米，叶互生，长椭圆形或椭圆状披针形，先端尖，全缘，近革质。春末开花，圆锥花

▲台湾苹婆（原产菲律宾、中国台湾等）
Sterculia ceramica

序，花萼淡红色。菁葵果长椭圆形，形似豆荚，具喙，熟果鲜红色。种子椭圆状卵形，黑褐色。适作园景树。种子可食用、榨油。茎皮纤维可织麻袋、造纸。

- **生长习性**：阳性植物。性喜高温、湿润、向阳之地，生长适宜温度23～32℃，日照70%～100%。生性强健，耐热、耐旱、耐湿、抗风。
- **繁育方法**：播种、扦插或高压法，春、夏季为适期。
- **栽培要点**：栽培介质以壤土或沙质壤土为佳。春、夏季生长期施肥2～3次。果后或落叶后修剪整枝，修剪主干下部侧枝，能促进树冠长高。成树移植之前需断根处理。

▲掌叶苹婆·香苹婆·裂叶苹婆（原产亚洲、非洲和澳大利亚热带地区） *Sterculia foetida*

▲掌叶苹婆·香苹婆·裂叶苹婆（原产亚洲、非洲和澳大利亚热带地区） *Sterculia foetida*

▲假苹婆·赛苹婆（原产中国、越南、泰国、缅甸） *Sterculia lanceolata*

▲假苹婆·赛苹婆（原产中国、越南、泰国、缅甸） *Sterculia lanceolata*

▲ 台湾翅子树·里白翅子树（原产菲律宾和中国台湾） *Pterospermum niveum*

▲ 槭叶翅子木（原产亚洲热带地区）
Pterospermum acerifolium

梧桐科常绿乔木

翅子树类

● 植物分类：翅子树属（*Pterospermum*）。
● 产地：亚洲热带地区。
1. 台湾翅子树：别名里白翅子树。常绿乔木，原生于中国台湾兰屿、绿岛，园艺景观零星栽培。株高可达6米，叶互生，卵状披针形或长椭圆形，基部歪斜，叶背密被白色星状毛。夏季开花，腋生，花冠白色。蒴果木质，椭圆形。
2. 槭叶翅子树：常绿乔木，园艺景观零星栽培。株高可达18米，叶互生，圆形至阔椭圆形，幼叶常不规则浅裂，基部心形，叶背有灰色星状毛。初夏开花，花冠白色。蒴果长纺缍形。
● 用途：园景树。木材可制器具、农具等。槭叶翅子树药用可治风湿性关节炎、坐骨神经痛等。
● 生长习性：阳性植物。性喜高温、湿润、向阳之地，生长适宜温度23～32℃，日照70%～100%。
● 繁育方法：播种法，春季为适期。
● 栽培要点：栽培介质以沙质壤土为佳。春、夏季施肥2～3次。春季修剪整枝。成树移植前需断根处理。

芭蕉科常绿灌木或小乔木状

大鹤望兰

● 别名：白花鸟蕉。
● 植物分类：鹤望兰属（*Strelitzia*）。
● 产地：非洲南部热带地区。
● 形态特征：株高可达5米，具木质短茎干。叶长椭圆形，具长柄，形似芭蕉，两侧不对称，2列簇生于茎干顶端，斜上放射排列。全年开花，船形佛焰苞腋生，紫黑色；萼片白色，花瓣天蓝色，形似大型天堂鸟蕉。
● 用途：园景树、幼株可盆栽、切花为高级花材。
● 生长习性：阳性植物。性喜高温、湿润、向阳之地，生长适宜温度23～32℃，日照70%～100%。生性强健，耐热、耐旱，叶片不耐风。
● 繁育方法：播种、分株法，春季、夏季为适期。
● 栽培要点：栽培介质以壤土或沙质壤土为佳。强风吹袭叶片容易破损，宜择避风处定植。春季至秋季生长期施肥3～4次。生长期间需修剪两侧下部老叶，剥除老化干枯叶鞘。

芭蕉科常绿乔木

旅人蕉

- **植物分类**：旅人蕉属（*Ravenala*）。
- **产地**：非洲热带地区。
- **形态特征**：株高可达10米，叶长椭圆形，具长柄，形似芭蕉，2列簇生干端，斜上放射排列，形似大扇子。春、夏季开花，聚伞花序，船形佛焰苞腋生，花瓣白色。蒴果似香蕉，果皮坚硬，种子扁椭圆形，假种皮深蓝色，甚奇特。叶鞘能贮藏大量水液，沙漠旅人常以刀具削切取水止渴，故名"旅人蕉"。
- **用途**：园景树、幼株盆栽。
- **生长习性**：阳性植物。性喜高温、湿润、向阳之地，生长适宜温度23～32℃，日照70%～100%。生性强健，耐热、耐旱、耐湿，叶片不耐强风。
- **繁育方法**：播种、分株法，春、夏季为适期。
- **栽培要点**：栽培介质以壤土或沙质壤土为佳。强风吹袭叶片容易破损，宜择避风处定植。幼树春季至秋季生长期施肥3～4次。生长期间需修剪两侧下部老叶，剥除干枯叶鞘，能促使植株长高。

▲ 旅人蕉（原产马达加斯加）
Ravenala madagascariensis

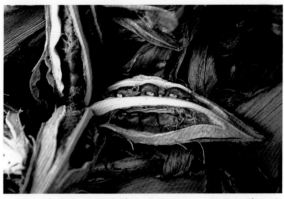
▲ 旅人蕉蒴果形似香蕉，果皮坚硬，熟果开裂，露出蓝色假种皮

▲ 大鹤望兰·白花鸟蕉（原产非洲热带地区）
Strelitzia nicolai

▲ 旅人蕉种子椭圆形，假种皮深蓝色，酷似天鹅绒般鲜艳，甚为奇特

柽柳科常绿或落叶灌木、小乔木

柽柳类

- **●植物分类**：柽柳属（Tamarix）。
- **●产地**：非洲东北部、亚洲西部和中国华北至华中亚热带至暖带地区。
- **1.华北柽柳**：别名桧柽柳。落叶灌木或小乔木。滨海地区、园艺景观普遍栽培。株高可达4米，枝条纤细，膨松密致成团状，易下垂。叶鳞片状披针形。春、夏季开花，总状花序，小花淡粉红色。蒴果圆锥形。
- **2.无叶柽柳**：别名节状柽柳。常绿灌木或小乔木。滨海地区、园艺景观零星栽培。株高可达4米，树形酷似针叶树或木麻黄。叶已退化呈鞘状，小枝圆筒形，接合状，鞘有1齿。春、夏季开花，圆锥花序，小花白至淡粉红色。
- **●用途**：园景树、滨海防风树。无叶柽柳药用可治感冒、麻疹不透。华北柽柳药用可治尿毒症、慢性支气管炎、鼻咽癌、小儿麻疹等。
- **●生长习性**：阳性植物，日照70%～100%。性喜温暖至高温、湿润至干旱、向阳之地。无叶柽柳生长适宜温度22～32℃，华北柽柳生长适宜温度18～30℃。生性强健，耐热也耐寒、极耐旱、耐瘠，抗风。
- **●繁育方法**：扦插或高压法，春季为适期。
- **●栽培要点**：栽培介质以碱性砂土或沙质壤土为佳。春、夏生长期施肥2～3次。无叶柽柳春季修剪整枝；华北柽柳冬季落叶后修剪整枝；植株老化施以重剪或强剪。

▲ 华北柽柳·桧柽柳（原产中国）
Tamarix juniperina

▲ 无叶柽柳·节状柽柳（原产伊朗、阿拉伯）
Tamarix aphylla

▲ 无叶柽柳·节状柽柳（原产伊朗、阿拉伯）
Tamarix aphylla

山茶科常绿灌木或小乔木

森氏红淡比

- **别名**：森氏杨桐。
- **植物分类**：红淡比属、杨桐属（Cleyera）。
- **产地**：台湾特有植物，原生于北部低海拔山区。
- **形态特征**：株高可达5米，幼枝平滑。叶互生，椭圆形或倒卵状长椭圆形，先端钝或微凸，全缘，厚革质。春季开花，腋生，花冠乳黄色。浆果球形，熟果黑色。
- **用途**：园景树、行道树、绿篱。木材可制器具。
- **生长习性**：中性植物，偏阴性。性喜温暖至高温、湿润、向阳至荫蔽之地，生长适宜温度18～30℃，日照50%～100%。耐热也耐寒、耐旱、耐湿、耐阴。
- **繁育方法**：播种、扦插法，春、秋季为适期。
- **栽培要点**：栽培介质以沙质壤土为佳。春、夏季施肥2～3次。绿篱随时做必要之修剪，修剪主干下部侧枝能促进长高。成树移植前需断根处理。

山茶科常绿中乔木

大头茶

- **植物分类**：大头茶属（Gordonia）。
- **产地**：中南半岛及中国南部等热带至亚热带地区。
- **形态特征**：株高可达10米以上，幼枝密生柔毛。叶互生或簇生枝端，长椭圆形或倒披针形，先端钝或圆，全缘或上半部波状锯齿缘，硬革质。春、夏季开花，腋生或近顶生，花冠白色。蒴果长卵形或长椭圆形，木质，熟果褐色。种子扁平有翅。
- **用途**：园景树、行道树、水土保持护坡树。木材红

▲森氏红淡比·森氏杨桐（原产中国台湾）
Cleyera japonica var. *morii*

色，可制器具、作建材。药用可治痢疾、血热等。
- **生长习性**：阳性植物。性喜温暖至高温、湿润、向阳之地，生长适宜温度15～30℃，日照70%～100%。喜好空气湿度高，耐热也耐寒，近山区生长良好。
- **繁育方法**：播种、扦插法，春、秋季为适期。
- **栽培要点**：栽培介质以沙质壤土为佳。春、夏季生长期施肥2～3次。早春修剪整枝，主根深根性，不耐移植，成树移植之前需断根处理。

▲大头茶（原产中国及中南半岛）
Gordonia axillaris（*Polybpora axillaris*）

▲大头茶（原产中国及中南半岛）
Gordonia axillaris（*Polybpora axillaris*）

▲ 柃木 · 光叶柃木（原产中国、韩国、日本）
Eurya japonica

山茶科常绿灌木或小乔木

柃木类

- **植物分类**：柃木属（*Eurya*）。
- **产地**：亚洲东北部亚热带至温带地区。
1. **柃木**：别名光叶柃木。常绿灌木，园艺景观零星栽培。株高可达2米，幼枝光滑。叶互生，椭圆形或椭圆状阔披针形，先端钝或锐尖，细锯齿缘，革质，新叶红褐色。花簇生叶腋，小花黄白色。浆果球形，熟果紫黑色。
2. **滨柃**：别名凹叶柃木。常绿灌木，园艺景观零星栽培。株高可达2米，枝叶生长密集，幼枝被毛。叶互生，倒卵形或倒卵状长椭圆形，先端钝或凹，全缘或上半部钝齿缘，略反卷，硬革质。雌雄异株，花簇生叶腋，小花淡白绿色。浆果球形，熟果紫黑色。园艺栽培种有翡翠滨柃、珍珠滨柃。
- **用途**：园景美化、绿篱、海岸防风、盆栽，也可作花材。
- **生长习性**：中性植物，偏阴性。性喜温暖至高温、湿润、向阳至荫蔽之地，生长适宜温度15～27℃，日照50%～70%。生长缓慢，耐寒、耐旱、耐阴、耐盐，抗风。
- **繁育方法**：播种或扦插法，春、秋季为适期。
- **栽培要点**：栽培介质以沙质壤土为佳。冬季至春季施肥2～3次。秋末或冬初修剪整枝，因生长缓慢，避免重剪或强剪；绿篱随时做必要之修剪。

▲ 滨柃 · 凹叶柃木（原产中国、韩国、日本）
Eurya emarginata

▲ 滨柃 · 凹叶柃木（原产中国、韩国、日本）
Eurya emarginata

▲ 翡翠滨柃（栽培种）
Eurya emarginata 'Emerald'

山茶科常绿大乔木

木荷类

- **植物分类**：木荷属（*Schima*）。
- **产地**：中国华中至华南以及日本琉球等亚热带至暖带地区。

1. **木荷**：别名荷树、椿木。常绿大乔木，园艺景观零星栽培。株高可达30米以上，幼枝被毛。叶互生，长椭圆形或长椭圆状披针形，先端渐尖，不明显钝齿缘至锯齿缘，厚纸质。春季开花，单生或总状花序，枝端腋生，花冠白色。蒴果扁球形，木质，熟果褐色。

2. **港口木荷**：别名恒春木荷。木荷的变种，常绿大乔木，台湾特有植物，原生于恒春半岛低海拔山区，园艺景观零星栽培。株高可达18米以上，幼枝被毛。叶互生，长椭圆形或倒卵状披针形，先端尾状渐尖或短突尖，全缘，革质，新叶红褐色。初夏开花，总状花序，枝端腋生，花冠白色。蒴果扁球形，木质，熟果褐色。

- **用途**：园景树、行道树、水土保持护坡树。木材可制家具、器具，作建材等。
- **生长习性**：阳性植物，日照80%~100%。木荷性喜温暖耐高温，生长适宜温度15~28℃，高冷地生长良好，平地夏季高温生长迟缓；港口木荷性喜高温，生长适宜温度23~32℃。
- **繁育方法**：播种或扦插法，春季为适期。
- **栽培要点**：栽培介质以沙质壤土为佳。春、夏季施肥2~3次。春季修剪整枝，但不可重剪。主根深根性，不耐移植。成树移植前需断根处理。

▲ 木荷・荷树・椿木（原产中国中南部和日本）
Schima superba

▲ 港口木荷・恒春木荷（原产恒春半岛）
Schima superba var. *kankaoensis*

▲ 珍珠滨柃（栽培种）
Eurya emarginata 'Pearl'

▲ 港口木荷・恒春木荷（原产恒春半岛）
Schima superba var. *kankaoensis*

▲厚皮香·红柴（原产中国南部及中南半岛和菲律宾、马来西亚、日本）*Ternstroemia gymnanthera*

▲厚皮香·红柴（原产中国南部及中南半岛和菲律宾、马来西亚、日本）*Ternstroemia gymnanthera*

▲白木香·土沉香（原产中国）
Aquilaria sinensis

山茶科常绿小乔木

厚皮香

- ●**别名**：红柴。
- ●**植物分类**：厚皮香属（*Ternstroemia*）。
- ●**产地**：亚洲南部至东北部等热带、亚热带至暖带地区。
- ●**形态特征**：株高可达10米，幼枝、叶柄紫红色。叶倒卵状椭圆形或倒披针形，先端钝或圆，全缘，厚革质。冬季至早春开花，腋生，具弯曲长梗，小花黄色，具香气。浆果球形尖头，熟果赤褐色。
- ●**用途**：园景树、行道树、绿篱。树皮可作黄色或茶褐色染料。木材紫红坚重，可制高级器具、作建材。药用可治疮疡、乳腺炎等。
- ●**生长习性**：中性植物。性喜温暖至高温、湿润、向阳之地，生长适宜温度18～30℃，日照50%～100%。生性强健，生长缓慢，耐热也耐寒、耐旱、耐阴。
- ●**繁育方法**：播种、扦插法，春、秋季为适期。
- ●**栽培要点**：栽培介质以沙质壤土为佳。冬季至春季施肥2～3次。生长缓慢，不宜重剪。主根深根性，不耐移植。成树移植之前需断根处理。

瑞香科常绿乔木

白木香

- ●**别名**：土沉香。老树干受伤后被真菌侵入寄生，能分泌芳香树脂称"沉香"。
- ●**植物分类**：沉香属（*Aquilaria*）。部分文献把沉香属植物独立分类为沉香科*Aquilariaceae*。
- ●**产地**：中国华南至西南部。
- ●**形态特征**：株高可达15米，叶互生，椭圆形至倒卵形，先端短突，全缘，近革质。春、夏季开花，伞形花序，小花黄绿色，具香气。蒴果卵球形，先端有小突尖，熟果2裂。种子具喙，基部有尾状附属体。
- ●**用途**：园景树、行道树。沉香可萃取芳香油，药用可治胃病、祛痰。木材可制线香、绝缘材料。
- ●**生长习性**：阳性植物。性喜高温、湿润、向阳之地，生长适宜温度20～30℃，日照70%～100%。
- ●**繁育方法**：播种法，成熟果实现采即播。
- ●**栽培要点**：栽培介质以沙质壤土为佳。春、秋季生长期施肥3～4次。春季修剪整枝。成树移植之前需断根处理。

瑞香科落叶灌木

结香

- **别名**：软骨木。
- **植物分类**：结香属、黄瑞香属（*Edgeworthia*）。
- **产地**：中国华南至华西。
- **形态特征**：株高可达2米，幼枝柔韧可弯曲。叶互生，倒披针形，先端渐尖或急尖，全缘，厚纸质，两面密被长毛。头状花序，下垂，无花瓣，花萼花瓣状，花冠乳黄色，具芳香。浆果卵形或椭圆形。
- **花期**：春季开花，落叶后先开花后长叶。
- **用途**：园景美化、盆栽；幼株可弯曲打结，饶富趣味。树皮可作纸币用纸原料。药用可治风湿性关节炎、腰痛、月经不调、跌打损伤等。
- **生长习性**：阳性植物。性喜温暖至高温、湿润、向阳之地，生长适宜温度15～28℃，日照70%～100%。
- **繁育方法**：播种、扦插法，春季为适期。
- **栽培要点**：栽培介质以沙质壤土为佳。春、夏季生长期施肥2～3次。花后修剪整枝，植株老化施以重剪或强剪。

▲结香·软骨木（原产中国）
Edgeworthia chrysantha

椴树科常绿乔木

海南椴

- **植物分类**：海南椴属（*Hainania*），单种属植物。
- **产地**：中国海南、广西热带至亚热带地区。
- **形态特征**：株高可达15米，主干通直，树皮粗糙，幼枝密生短柔毛。叶互生，长心形或卵状心形，先端渐尖，波状缘或齿状缘，薄革质，叶背密生柔毛。夏季开花，圆锥花序，顶生，花冠白色，花瓣5枚。蒴果倒卵形，4～5棱。种子椭圆形，密生黄褐色茸毛。
- **用途**：园景树、行道树。
- **生长习性**：阳性植物。性喜高温、湿润、向阳之地，生长适宜温度22～32℃，日照80%～100%。耐热、耐旱、耐湿，不耐强风。
- **繁育方法**：播种法，春季为适期。
- **栽培要点**：栽培介质以沙质壤土为佳。春、夏季生长期施肥2～3次。春季修剪整枝。成树移植之前需断根处理。

▲海南椴（原产中国）
Hainania trichosperma

▲ 六翅木（原产亚洲和中国台湾热带地区）
Berrya cordifolia

椴树科常绿乔木

六翅木

- ●**植物分类**：六翅木属（*Berrya*）。
- ●**产地**：亚洲热带地区。
- ●**形态特征**：株高可达6米以上。叶互生，卵形或长心形，先端锐尖头或短突尖，全缘或波状缘，薄革质，叶柄红色。夏季开花，圆锥花序，顶生或枝端腋生，小花多数，花瓣5枚，白色。蒴果近球形，具6枚顶生翅，红褐色。
- ●**用途**：园景树、行道树。
- ●**生长习性**：阳性植物。性喜高温、湿润、向阳之地，生长适宜温度22～32℃，日照70%～100%。耐热不耐寒、耐旱、耐瘠。
- ●**繁育方法**：播种、扦插法，春季为适期。
- ●**栽培要点**：栽培介质以沙质壤土为佳。春、夏季生长期施肥3～4次。春季修剪整枝。成树移植之前需断根处理。

椴树科常绿小乔木

文定果

- ●**别名**：南美假樱桃、丽李。
- ●**植物分类**：文定果属（*Muntingia*）。
- ●**产地**：中美洲、南美洲热带地区。
- ●**形态特征**：株高可达6米，主干通直，侧枝呈水平开展。叶互生，长椭圆状卵形，先端渐尖，基歪，细锯齿缘，纸质，两面密生柔毛。成树全年见花，但以春季最盛，单生或成对腋生，花瓣5～6枚，白色。浆果球形，果径1～1.5厘米，熟果红色。
- ●**用途**：园景树、行道树、诱鸟树。
- ●**生长习性**：阳性植物。性喜高温、湿润、向阳之地，生长适宜温度23～32℃，日照80%～100%。生性强健粗放，生长快速，耐热、耐旱、耐瘠、抗风。
- ●**繁育方法**：播种法，春季为适期。
- ●**栽培要点**：栽培介质以壤土或沙质壤土为佳。春、夏季生长期施肥2～3次。自然树形美观，树姿不均衡再做局部修剪。成树移植之前需断根处理。

▲ 文定果·南美假樱桃·丽李（原产美洲热带地区）*Muntingia calabura*

榆科落叶乔木

朴树类

- **植物分类**：朴树属（*Celtis*）。
- **产地**：亚洲南部至东北部，热带至温带地区。
1. **朴树**：别名沙朴、朴仔树。落叶大乔木，园艺景观零星栽培。株高可达20米，叶互生，卵形或卵状长椭圆形，先端钝或锐，基歪，上部锯齿缘，叶背灰绿色。花腋生，小花黄绿色。核果球形或卵形，熟果橙红色。

  自然变种有小叶朴（毛朴），台湾特有植物，落叶小乔木，株高可达6米，干皮具瘤状突起，叶片卵形，小而密集，盆景观赏普遍栽培。
2. **四蕊朴**：别名石朴、台湾朴。落叶乔木，株高可达18米，干皮有痂状突起，叶长椭形或卵状长椭圆形，先端尾状或渐尖，基部歪斜明显，盆景观赏普遍栽培。
- **用途**：园景树、行道树、诱鸟树、盆景树。木材可制农具、家具、器具、木屐等。药用可治漆疮、腰痛等。
- **生长习性**：阳性植物。性喜温暖至高温、湿润、向阳之地，生长适宜温度20～30℃，日照70%～100%。生性强健，耐寒也耐热、耐旱、耐盐。
- **繁育方法**：播种法，春季为适期。
- **栽培要点**：栽培介质以沙质壤土为佳。幼树春、夏季生长期施肥3～4次。落叶后修剪整枝。主根深根性，不耐移植，以幼株或袋苗定植为佳。

▲朴树·沙朴·朴仔树（原产中国、日本、韩国）
Celtis sinensis (*Celtis japonica*)

▲朴树·沙朴·朴仔树（原产中国、日本、韩国）
Celtis sinensis (*celtis japonica*)

▲小叶朴·毛朴（原产中国台湾）
Celtis nervosa (*Celtis sinensis* var. *nervosa*)

▲四蕊朴·石朴·台湾朴（原产中国和日本）
Celtis tetrandra (*Celtis formosana*)

榆科落叶乔木

榆树类

- ●**植物分类**：榆属（*Ulmus*）。
- ●**产地**：北半球亚热带至温带地区。
1. **榆树**：别名白榆、家榆。株高可达20米，叶卵状椭圆形或卵状披针形，先端渐尖或尾状，基歪，单锯齿或重锯齿缘。变种有垂枝榆，小枝细长下垂，树冠呈伞形。
2. **榔榆**：别名小叶榆。园艺景观、盆景普遍栽培。株高可达15米，干皮灰褐色，有不规则云形剥落痕。叶互生，叶形多变，有卵形、长椭圆形或披针形，先端锐、渐尖或钝圆，基歪，锯齿缘，革质或厚纸质，两面粗糙。花腋生，小花淡黄绿色。翅果卵形至椭圆形，熟果红褐色。园艺栽培种有曙榆、锦榆、白斑榆（以上3种，1975～1979年由变异选出）。
- ●**用途**：园景树、行道树、造型树、盆景。木材可制家具、器具、建材、车材等。
- ●**生长习性**：阳性植物，日照70%～100%。垂枝榆耐寒不耐热，生长适宜温度15～25℃，高冷地栽培为佳。榔榆性喜温暖至高温，生长适宜温度18～30℃；生性强健，耐寒也耐热、极耐旱，耐修剪。
- ●**繁育方法**：播种或嫁接法，早春季为适期。
- ●**栽培要点**：栽培介质以壤土或沙质壤土为佳。春、夏季生长期施肥2～3次。落叶后修剪整枝，造型树需常修剪。成树移植之前需断根处理。

▲ 垂枝榆·龙爪榆（栽培种）
Ulmus pumila 'Pendula'

▲ 榔榆·小叶榆（原产中国、日本、韩国）
Ulmus parvifolia

▲ 榔榆·小叶榆（原产中国、日本、韩国）
Ulmus parvifolia

榆科落叶大乔木

榉树

- **别名**：榉木、光叶榉。
- **植物分类**：榉属（*Zelkova*）。
- **产地**：亚洲东部至西部，亚热带至温带地区。
- **形态特征**：株高可达20米以上，老干鳞片状剥落。叶互生，长卵形或卵状长椭圆形，先端渐尖，基略歪，锯齿缘，纸质，叶面粗糙，新叶暗红色。花腋生，小花淡黄色。核果卵状圆锥形，熟果灰褐色。
- **用途**：园景树、行道树、盆景。木材坚重强韧，可制高级家具、作建材。药用可治水肿、疗疮等。
- **生长习性**：阳性植物。性喜温暖至高温、湿润、向阳之地，生长适宜温度18～30℃，日照70%～100%。生性强健，成长快速，寿命长，耐寒也耐热、耐旱、耐瘠，抗风，不耐空气污染。
- **繁育方法**：播种法，春季为适期。
- **栽培要点**：栽培介质以沙质壤土为佳。春、夏季施肥2～3次。落叶后或早春修剪整枝，修剪主干下部侧枝能促进长高。成树移植前需断根处理。

▲ 榉树·榉木·光叶榉（原产中国、日本、韩国）
Zelkova serrata

▲ 白斑榆（栽培种）
Ulmus parvifolia 'White-striped'

▲ 榉树·榉木·光叶榉（原产中国、日本、韩国）
Zelkova serrata

▲ 曙榆（栽培种）
Ulmus parvifolia 'Golden Sun'

▲ 锦榆（栽培种）
Ulmus parvifolia 'Rainbow'

▲ 来特氏越橘（原产日本琉球和中国台湾）
Vaccinium wrightii

▲ 来特氏越橘（原产日本琉球和中国台湾）
Vaccinium wrightii

▲ 来特氏越橘（原产日本琉球和中国台湾）
Vaccinium wrightii

越橘科常绿小乔木

来特氏越橘

- ●植物分类：越橘属（乌饭树属）（*Vaccinium*）。
- ●产地：琉球。台湾原生于宜兰、花莲、恒春半岛等中、低海拔山区，野生族群数量稀少。
- ●形态特征：株高可达3米。叶互生，卵形、长椭圆形或菱状长椭圆形，先端渐尖，锯齿缘，厚皮纸质。春、夏季开花，总状花序，顶生或腋生，花梗淡红或绿色，花冠壶形，先端5浅裂，白或粉红色。浆果球形，熟果黑色。
- ●用途：园景树、绿篱、盆栽，也可作花材。果实可食用。
- ●生长习性：阳性植物。性喜温暖至高温、湿润、向阳之地，生长适宜温度18～28℃，日照70%～100%。北部或高冷地生长良好，中、南部平地夏季高温生长迟缓或不良。
- ●繁育方法：播种、扦插法，春、秋季为适期。
- ●栽培要点：栽培介质以腐殖土或沙质壤土为佳。冬季至春季生长期施肥3～4次。花后修剪整枝，植株老化施以重剪或强剪。

马鞭草科常绿乔木

柚木

- ●别名：血树。
- ●植物分类：柚木属（*Tectona*）。
- ●产地：亚洲热带地区。
- ●形态特征：株高可达15米，叶对生，卵形或椭圆形，先端锐或钝圆，全缘，纸质，幼嫩部位具星状绵毛，嫩叶搓揉有红色素。全年开花，聚伞花序，顶生，小花白或淡蓝色。核果球形，外具纵棱。
- ●用途：园景树、行道树。木材可制家具、雕刻、造船，作建材、铁轨枕木等。药用可治咳嗽、糖尿病、皮肤病。
- ●生长习性：阳性植物。性喜高温、湿润、向阳之地，生长适宜温度23～32℃，日照70%～100%。耐热、耐旱、耐湿，不耐风。
- ●繁育方法：播种、根插法，春、夏季为适期。
- ●栽培要点：栽培介质以沙质壤土为佳。树高叶大，种植地点要避风。春季至秋季施肥3～4次。春季剪整枝。成树移植前需断根处理。

蒺藜科常绿小乔木

愈疮木

- **植物分类**：愈疮木属（*Guaiacum*）。
- **产地**：中美洲、南美洲热带至亚热带地区。
- **形态特征**：株高可达10米，枝干坚硬，树皮灰褐色。偶数羽状复叶，小叶2～3对，对生，卵形、倒卵形或椭圆形，先端圆，全缘，革质，两面近同色。聚伞花序，顶生，小花白或蓝紫色，甚优雅。
- **花期**：夏、秋季开花。
- **用途**：园景树，幼树盆栽。木材坚硬可制器具，燃烧时具特殊香气。药用可制缓泻剂。
- **生长习性**：阳性植物。性喜高温、湿润、向阳之地，生长适宜温度23～32℃，日照70%～100%。生长缓慢，耐热、耐旱、耐湿。
- **繁育方法**：播种法，春季为适期。
- **栽培要点**：栽培介质以沙质壤土为佳。春、夏季施肥2～3次。春季或花后修剪整枝，修剪主干下部侧枝能促进长高；生长缓慢，避免重剪或强剪。

▲愈疮木（原产中美洲及加勒比海）
Guaiacum officinale

▲柚木·血树（原产印度、缅甸、泰国、马来西亚）*Tectona grandis*

▲柚木·血树（原产印度、缅甸、泰国、马来西亚）*Tectona grandis*

▲柚木·血树（原产印度、缅甸、泰国、马来西亚）*Tectona grandis*

中文名（别名）、拉丁学名索引

景观植物大图鉴②

科、属拉丁学名

图书在版编目（CIP）数据

景观植物大图鉴.2，观赏树木680种／薛聪贤，杨宗愈编著.—广州：广东科技出版社，2015.5
ISBN 978-7-5359-6062-7

Ⅰ.①景… Ⅱ.①薛…②杨… Ⅲ.①园林植物—图集②园林树木—图集 Ⅳ.①S68-64

中国版本图书馆CIP数据核字（2015）第047688号

景观植物大图鉴②观赏树木680种
Jingguan Zhiwu Da Tujian② Guanshang Shumu 680 Zhong

责任编辑：刘　耕
责任校对：罗美玲　杨崚松　陈　静
责任印制：罗华之
出版发行：广东科技出版社
　　　　　（广州市环市东路水荫路11号　邮政编码：510075）
http：//www.gdstp.com.cn
E-mail：gdkjyxb@gdstp.com.cn（营销中心）
E-mail：gdkjzbb@gdstp.com.cn（总编办）
经　　销：广东新华发行集团股份有限公司
印　　刷：广州市岭美彩印有限公司
　　　　　（广州市荔湾区花地大道南海南工商贸易区A幢　邮政编码：510385）
规　　格：787mm×1 092mm　1/16　印张17.75　字数490千
版　　次：2015年5月第1版
　　　　　2015年5月第1次印刷
定　　价：198.00元

如发现因印装质量问题影响阅读，请与承印厂联系调换。